国家自然科学基金青年科学基金项目(52104132)资助

# 垃圾焚烧飞灰基充填材料与应用

苏丽娟 著

中国矿业大学出版社

·徐州·

## 内 容 提 要

本书系统分析了垃圾焚烧飞灰的组成特性、污染特征与处置现状,总结了国内外飞灰管理与安全化处置的主要手段,采用理论研究、试验测试与微观分析相结合的方法,详细阐述了垃圾焚烧飞灰基充填材料的制备技术及工作性能,探索了不同激发剂在垃圾焚烧飞灰预处理中的作用与效果,利用三种火山灰活性材料分别固化垃圾焚烧飞灰中的重金属,探讨其固化效果与机理;探究改进的垃圾焚烧飞灰预处理方法在不同 pH 值时垃圾焚烧飞灰中重金属浸出情况,利用 Tessier 连续化学浸提方法探索垃圾焚烧飞灰中各重金属形态变化;制备了垃圾焚烧飞灰基膏体充填材料,分析其重金属淋溶释放规律并揭示其重金属固化的微观机理;通过数值模拟验证垃圾焚烧飞灰基膏体充填材料工程应用的可行性,以期为我国垃圾焚烧飞灰的低碳安全处置及资源化利用提供理论支持。

全书体系合理,内容充实、新颖,实用性强,可作为从事垃圾处理处置领域的工程技术人员和研究人员的参考用书,也可作为高等学校采矿工程、环境工程、土木工程、市政工程及相关专业师生的参考用书。

## 图书在版编目(CIP)数据

垃圾焚烧飞灰基充填材料与应用 / 苏丽娟著.
徐州 : 中国矿业大学出版社,2025.4. — ISBN 978-7-5646-6674-3

Ⅰ.X705

中国国家版本馆 CIP 数据核字第 20256QZ021 号

| | |
|---|---|
| 书　　名 | 垃圾焚烧飞灰基充填材料与应用 |
| 著　　者 | 苏丽娟 |
| 责任编辑 | 马晓彦 |
| 出版发行 | 中国矿业大学出版社有限责任公司 |
| | (江苏省徐州市解放南路　邮编 221008) |
| 营销热线 | (0516)83885370　83884103 |
| 出版服务 | (0516)83995789　83884920 |
| 网　　址 | http://www.cumtp.com　E-mail:cumtpvip@cumtp.com |
| 印　　刷 | 江苏凤凰数码印务有限公司 |
| 开　　本 | 787 mm×1092 mm　1/16　印张 11　字数 210 千字 |
| 版次印次 | 2025 年 4 月第 1 版　2025 年 4 月第 1 次印刷 |
| 定　　价 | 49.00 元 |

(图书出现印装质量问题,本社负责调换)

# 前　言

随着城市人口数量的不断增长,城市生活垃圾产量呈现明显上升趋势。截至2023年年底,我国城市生活垃圾的年处置量已超过25 407.8万t,年平均增长率为4.77%。城市生活垃圾的存在会引发一系列生态问题,如占用耕地和公共活动空间、污染河流及地下水、传播疾病等,安全有效地处理城市生活垃圾已成为21世纪我国乃至全世界面临的重要问题。目前,我国对于生活垃圾的处理以卫生填埋和焚烧两种方式为主。生活垃圾经焚烧后可减少大约90%的体积和70%的质量,是垃圾处理的理想途径。截至2023年年底,我国已建成的城市生活垃圾焚烧厂696座,年垃圾处理量达20 954.4万t。焚烧飞灰同时具有重金属和持久性有机污染物危害特性。在垃圾焚烧飞灰中含有较高浓度的容易被水浸出的铅、镉、铜、铬、锌等重金属,以及具有很强危害性的二噁英,这些污染物质可以通过污染水体、土壤,进而危害到动植物及人体的健康。

《生活垃圾焚烧污染控制标准》(GB 18485—2014)规定:"生活垃圾焚烧飞灰应按危险废物管理"。因此,垃圾焚烧飞灰必须单独收集,不得与生活垃圾、焚烧残渣等混合,也不得与其他危险废物混合。目前,垃圾焚烧飞灰的处置主要是利用固定化技术或稳定化技术处理后,进入危险废物填埋场进行填埋处置;或者进行安全填埋处置,就是将焚烧飞灰在现场进行简单的处理后,送入安全填埋场进行安全填埋处置。安全填埋场的建设和运行费用极高,使垃圾焚烧厂难以承受,该方法的使用逐渐减少。此外,垃圾焚烧飞灰的资源化技术也取得一些进展,如湿法化学处理技术、制备玻璃陶瓷产品、用作建筑材料等。但是,垃圾焚烧飞灰的资源化技术尚不成熟,有待进一步研究。

垃圾焚烧飞灰的妥善处置已成为解决城市生活垃圾堆积问题的衍生问题,合理解决垃圾焚烧飞灰的堆放问题对处理城市生活垃圾、改善居住环境、维持生态平衡具有重要意义。与此同时,我国的采空区已超过180亿 $m^3$ 且仍在不断增加,其充填工作任重道远。然而,对于一部分采空区,存在采矿副产物不足或副产物已被运走的情况,这使得采空区在回填过程中原料明显不足。因此,开发一种材料来源广泛且取材不受地域限制的新型充填材料显得尤为重要。

对于垃圾焚烧飞灰中重金属的固化,常用的普通硅酸盐水泥固化处理技术虽具有成熟的工艺且固化后材料强度较高,但其固化增容较高,水泥在生产过程中易产生二氧化碳。地质聚合物固化稳定法具有材料来源广、工艺简便易行、能耗低和环境友好等优势。本书的研究工作在国家自然科学基金项目"流变-扰动效应下垃圾焚烧飞灰地聚物充填体失稳破坏机制研究"支持下,以垃圾焚烧飞灰、粉煤灰、煤矸石等固体废弃物为原材料,采用NaOH等激发剂,首先探索各激发剂在垃圾焚烧飞灰预处理中的作用与效果。其次利用三种火山灰活性材料分别固化垃圾焚烧飞灰中的重金属,探讨其固化效果与机理。再次探究改进的垃圾焚烧飞灰预处理方法,分析在不同pH值时垃圾焚烧飞灰中重金属的浸出情况,结合模拟软件确认pH值相关性试验的准确性,然后利用Tessier连续化学浸提方法探索垃圾焚烧飞灰中各重金属形态变化。最后制备垃圾焚烧飞灰基膏体充填材料,分析其重金属淋溶释放规律并探究其破坏特征,通过数值模拟验证垃圾焚烧飞灰基膏体充填材料工程应用的可行性。

本书具有较强的科学性和应用性,有助于推动我国垃圾焚烧飞灰的低碳处置与资源化利用,为我国大量垃圾焚烧飞灰的安全处置提供有益指导,可作为高校研究人员、环保科研人员和生活垃圾焚烧飞灰处置管理企业技术人员的参考书。

本书共分为 6 章：第 1 章绪论；第 2 章垃圾焚烧飞灰基充填材料的制备方法；第 3 章垃圾焚烧飞灰的预处理及固化机理；第 4 章垃圾焚烧飞灰胶砂试验及重金属离子固化机理研究；第 5 章改进的垃圾焚烧飞灰预处理方法及重金属浸出特征与形态分布研究；第 6 章垃圾焚烧飞灰基膏体充填材料制备及微观机理研究。

辽宁工程技术大学付国胜、吴思瑶、张美奇、于凤等做了一些资料收集、室内试验和文稿整理工作，在此表示感谢。

限于作者写作时间和学识水平，书中不足和疏漏之处在所难免，敬请读者提出修改建议。

作　者

2025 年 2 月

# 目 录

- 1 绪论 ·············································································· 1
  - 1.1 研究背景及意义 ················································· 1
  - 1.2 国内外研究现状 ················································· 5
  - 1.3 研究内容、研究方法 ········································· 13

- 2 垃圾焚烧飞灰基充填材料的制备方法 ······················· 17
  - 2.1 试验材料的基本理化性质 ·································· 17
  - 2.2 试样制备方法 ···················································· 21
  - 2.3 测试方法及流程 ················································· 23
  - 2.4 凝结时间及流动度分析 ······································ 27
  - 2.5 浆体流变性能测试 ············································· 35
  - 2.6 抗压强度测试及分析 ········································· 41
  - 2.7 材料物相及分子结构分析 ·································· 44
  - 2.8 本章小结 ··························································· 50

- 3 垃圾焚烧飞灰的预处理及固化机理研究 ··················· 52
  - 3.1 MSWI FA 预处理试验 ······································· 52
  - 3.2 MSWI FA 中氯化物及金属铝去除 ···················· 57
  - 3.3 预处理后 MSWI FA 基样品制备 ······················· 62
  - 3.4 MSWI FA(S)的化学性质与矿物组成 ················· 64
  - 3.5 MSWI FA(S)的污染特性 ···································· 65
  - 3.6 MSWI FA(S)基固化体的抗压强度分析 ·············· 66
  - 3.7 MSWI FA(S)基固化体的 XRD 图谱分析 ············ 69
  - 3.8 MSWI FA(S)基固化体的 FTIR 图谱分析 ··········· 70
  - 3.9 MSWI FA(S)基固化体的 SEM-EDS 微观形貌分析 ··· 71
  - 3.10 MSWI FA(S)基固化体的重金属固化特性分析 ···· 78
  - 3.11 本章小结 ··························································· 80

## 4 垃圾焚烧飞灰胶砂试验及重金属离子固化机理研究 ········ 82
### 4.1 试验方案 ········ 82
### 4.2 极差和方差分析 ········ 84
### 4.3 灰色关联度分析 ········ 87
### 4.4 重金属浸出浓度测试分析 ········ 91
### 4.5 重金属浸出分子动力学模拟 ········ 92
### 4.6 胶凝材料微观机理分析 ········ 97
### 4.7 本章小结 ········ 102

## 5 改进的垃圾焚烧飞灰预处理方法及重金属浸出特征与形态分布研究 ······ 103
### 5.1 改进的 MSWI FA 预处理方法分析 ········ 104
### 5.2 MSWI FA 和 MSWI FA-CG 两种材料的 SEM 分析 ········ 108
### 5.3 MSWI FA-CG 的 pH 值相关性试验分析 ········ 110
### 5.4 MSWI FA 和 MSWI FA-CG 中重金属浸出过程模拟 ········ 111
### 5.5 MSWI FA-CG 中重金属形态分布特征 ········ 119
### 5.6 本章小结 ········ 121

## 6 垃圾焚烧飞灰基膏体充填材料制备及微观机理研究 ········ 123
### 6.1 试验方案与结果 ········ 123
### 6.2 响应面模型拟合 ········ 126
### 6.3 响应面模型验证 ········ 126
### 6.4 响应面模型交互作用分析 ········ 132
### 6.5 满意度函数法配合比优化 ········ 142
### 6.6 充填材料微观机理分析 ········ 144
### 6.7 重金属淋溶释放规律分析 ········ 146
### 6.8 本章小结 ········ 148

## 参考文献 ········ 150

# 1 绪 论

## 1.1 研究背景及意义

### 1.1.1 垃圾焚烧飞灰

随着城市人口数量的不断增长,城市生活垃圾产量呈现明显上升趋势。截至 2023 年年底,我国城市生活垃圾的年处置量已超过 25 407.8 万 t(数据来源:《中国统计年鉴 2024》),年平均增长率为 4.77%。城市生活垃圾的存在会引发一系列生态问题,如占用耕地和公共活动空间、污染河流及地下水、传播疾病等,安全有效地处理城市生活垃圾已成为 21 世纪我国乃至全世界面临的重要问题。目前,我国对于生活垃圾的处理以卫生填埋和焚烧两种方式为主。生活垃圾经焚烧后可减少大约 90% 的体积和 70% 的质量,是垃圾处理的理想途径[1-4]。截至 2023 年年底,我国已建成的城市生活垃圾焚烧厂 696 座,年垃圾处理量达 20 954.4 万 t。如图 1-1 所示,随着城镇居民对居住环境要求的提高,越来越多的城市考虑采用焚烧的方式处理生活垃圾。

我国常用的垃圾焚烧技术主要分为层状燃烧技术和流化床式燃烧技术两类,对应的垃圾焚烧炉炉型分别为机械炉排焚烧和循化流化床焚烧炉[5-8]。生活垃圾进入焚烧炉后,在 800~1 200 ℃ 温度下持续 1~1.5 s 焚烧完毕,经烟气净化系统处理后可收集到约占焚烧前体积 10% 的垃圾焚烧飞灰。垃圾焚烧飞灰是一种具有重金属危害特性和环境持久性有机毒物危害特性的固体废弃物[9-12],其中的二噁英是一种强致癌物质;大量重金属会破坏人体的新陈代谢,引发疾病,无论这些有毒有害物质以何种方式扩散,都会对自然界中的生命体造成不可逆转的伤害。因此,垃圾焚烧飞灰的妥善处置已成为解决城市生活垃圾堆积问题的衍生问题,合理解决垃圾焚烧飞灰的堆放问题对处理城市生活垃圾、改善居住环境、维持生态平衡具有重要意义[13-15]。不同焚烧方式产生的垃圾焚烧飞灰其组成成分存在较大差异,采用机械炉排焚烧方式处理的垃圾焚烧飞灰中硅铝相物质含量少,二者总和一般不超过总质量的 15%,但 CaO

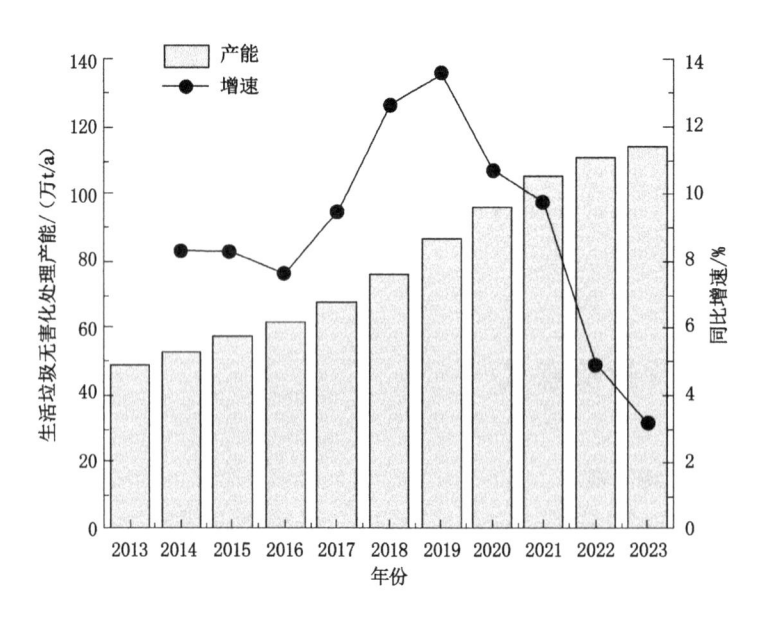

图 1-1　2013—2023 年我国生活垃圾无害化处理产能变化

质量分数较高,多在 30%～40% 范围内,飞灰整体呈碱性。这使得机械炉排垃圾焚烧飞灰更适合以激发剂的形式小规模使用,其主要作用在于提供碱性环境,而非聚合反应中硅铝相物质的主要提供者。与之相反,循环流化床垃圾焚烧飞灰富含 $SiO_2$ 和 $Al_2O_3$,CaO 质量仅占 20% 左右,整体接近中性,因为经过反复煅烧,循环流化床垃圾焚烧飞灰中重金属的含量较机械炉排垃圾焚烧飞灰更低、性质更稳定。这就使得循环流化床垃圾焚烧飞灰在和其他辅助材料进行混合使用时可以适当提高添加比例,其主要作用是为反应体系提供硅铝相物质。

### 1.1.2　矿山采空区

我国国土面积广阔,矿产资源丰富,人口众多,因此一直是能源开采和使用大国。资源开采结束后留下的巷道和采空区,以及因开采产生的岩石裂隙是影响地层稳定的隐患。当上覆岩体在重力及地应力作用下发生位移时,会引起强烈的地表移动,严重时会发生地表沉陷和持续性矿震[16-18]。如图 1-2 所示,采空区失稳而引发的地质灾害会破坏农田及公共交通设施,从而造成重大经济损失和人员伤亡。因此,在矿产资源地下开采过程中,探索具有高安全性、低环境污染性、低地层危害性的新系统和新途径,同时为矿产资源的利用和经济的可持续增长开发安全的开采方法至关重要[19-22]。目前,中国的采空区已超过 180 亿 $m^3$

且仍在不断增加[23-27]，采空区的充填工作任重道远。然而，对于一部分采空区，存在采矿副产物不足或副产物已被运走的情况，这使得采空区在回填过程中原料明显不足。因此，开发一种材料来源广泛且取材不受地域限制的新型充填材料显得尤为重要[28-30]。

图 1-2 采空区地面塌陷造成农田破坏

## 1.1.3 矿山采空区的充填治理

早在 20 世纪 50 年代，加拿大的矿山就以浮选细颗粒尾砂的水砂充填取代粗骨料充填。但由于水砂充填料缺乏内聚特性，不能形成稳固自立的充填体。目前，针对采空区充填，国内外学者做了大量研究。土耳其学者 Cavusoglu 等[31]将质量分数分别为 0.5%、1%、1.5% 的水玻璃加入水泥-粉煤灰胶结充填体系中，研究了水玻璃用量对充填体凝结时间和抗压强度的影响。试验结果表明，水玻璃的加入使充填体短期抗压强度提高了 14%、凝结时间缩短了 58%。加拿大学者 Kermani 等[32]以水泥、粉煤灰、粒化高炉矿渣为原料，研究了养护温度对水泥基充填体和硅酸钠加强充填体水化程度、气孔分布的影响。研究发现，养护温度的提高对两种充填材料前 14 d 的水化反应有显著影响，而胶结料的孔径分布和总孔隙率随固化温度的变化而变化。国内学者 Zhao 等[33]以矿渣硅酸盐水泥和粉煤灰为原料，研究了其作为胶结膏体充填的力学性能。研究发现,矿渣硅酸盐水泥掺量越大,养护时间越长,充填体抗压强度、韧性和刚度越大,但随着龄期的不断增长,水泥掺量带来的优势逐渐减小。Wang 等[34]以某矿山为工程背景,采用数值模拟和室内试验相结合的方法,确定了充填材料的合理强度和最佳配合比;采用相似模型方法,分析了巷道充填开采技术完成后地表的位移特征。研究结果表明,当充填体强度为煤体强度的 60%～80%时,可以有效控制覆岩移动。

### 1.1.4　充填体长期力学性能

充填体充入地下后迅速凝结固化产生机械强度,支撑顶板和上覆岩层。然而岩层的失稳是一个长期过程,在进行充填开采或采后回填过程中,充填体的稳定性都是施工人员需要考虑的重要因素之一。上覆岩层将自重和地面荷载传递给充填体,充填体在恒定荷载作用下产生蠕变变形,当变形过大或充填体内部损伤累积到一定程度时将引起结构的破坏,进而影响顶板的稳定性。因此,充填体的设计和测试指标必须考虑材料本身的蠕变特性,这包括充填体接顶时产生的瞬时变形和长期荷载作用下产生的蠕变变形。

### 1.1.5　冲击荷载下充填体力学性能

目前,爆破开挖依然是矿产资源开采的重要方式,而充填体经常会受到爆破应力波所带来冲击荷载的影响。矿山资源开采的安全性与充填体的稳定性有着直接的联系,因此爆破冲击荷载对充填体性能产生的影响已经吸引了大量学者的关注。Hou 等[35]研究了平均应变率(ASR)对尾砂胶结充填体(CTB)力学性能以及能量特征的影响,发现随着 ASR 的不断增加,CTB 的动态峰值应力呈指数增长,表明 CTB 的特征应力具有显著的应变率效应,并且 ASR 的增加可以改善 CTB 在峰值应力点的能量指标。Cao 等[36]采用分离式霍普金森压杆(SHPB)试验装置,研究 ASR 对尾砂胶结复合材料(CTC)试件动态抗压强度和破坏模式的影响,发现当 ASR 在 $10\sim100\ \text{s}^{-1}$ 范围内时,CTC 试件的动态抗压强度随着 ASR 值的增加呈指数增长。Tan 等[37]采用 SHPB 试验装置对 CTB 进行动力试验,研究了不同应变率对 CTB 力学性能以及破坏模式的影响。姜明归等[38]借助 SHPB 试验装置开展中等应变率下不同灰砂比充填体的冲击试验,分析了冲击荷载作用下 CTB 的能耗特征。喻海根等[39]采用 SHPB 试验装置对不同掺量碱化水稻秸秆的 CTB 进行了冲击荷载试验,发现碱化水稻秸秆的适量掺入能够提高充填体的动态抗压强度,并且能够显著提高充填体的完整性。朱鹏瑞等[40]采用 SHPB 试验装置对充填体进行冲击试验,得到不同应变率条件下的应力-应变曲线。

## 1.2 国内外研究现状

### 1.2.1 垃圾焚烧飞灰的安置

垃圾焚烧飞灰的无害化处理主要有三种方法：安全填埋法、固化稳定法和提取飞灰中的重金属。其中，固化稳定法经济效益和固化水平最优。水泥固化处理飞灰是目前使用最广泛的一种手段[41]，具有工艺成熟、处理成本低等优点。但水泥固化处理技术存在固化基材添加量大、增容比高的缺点[42]。李春林[43]以偏高岭土为主要辅助材料，在氢氧化钠改性水玻璃的激发下对垃圾焚烧飞灰中的重金属进行固封。研究表明，当水玻璃模数为1、垃圾焚烧飞灰掺量为60%、碱激发剂和固体质量比为1∶1.2时，垃圾焚烧飞灰基地聚合物的重金属浸出浓度最低且抗压强度最高。Ren等[44]在垃圾焚烧飞灰中加入硅灰，制备了以硅酸钠为激发剂的硅灰-垃圾焚烧飞灰基地聚合物。结果表明，硅灰的加入可增加体系中二氧化硅的数量，从而提高水化硅酸钙的产量，使得飞灰中重金属被包封，显著降低了重金属浸出浓度，硅酸钠在体系中既起到了激发剂的作用，又起到了黏结剂的作用。此外，Liu等[45]证实，比起单一的碱激发垃圾焚烧飞灰，加了10%偏高岭土的试件抗压强度显著增加，重金属浸出浓度减小，抗压强度随硅酸钠的增加而增加。Zhao等[46]则证实了碱激发煤矸石-垃圾焚烧飞灰体系中，水化产物的降低会导致重金属浸出浓度的增加。

对于垃圾焚烧飞灰中重金属的固化，常用的普通硅酸盐水泥固化处理技术虽具有成熟的工艺且固化后材料强度较高，但其固化增容较高，在生产过程中易产生二氧化碳。地聚合物固化稳定法具有材料来源广、工艺简便易行、能耗低和环境友好等优势。国内外众多学者在垃圾焚烧飞灰地质聚物固化稳定处理方面进行了研究。王珂等[47]以城市垃圾焚烧飞灰为主要原材料制备一种胶结充填材料，固化处理垃圾焚烧飞灰中的重金属镉，在满足无害化矿山充填基础上获得了垃圾焚烧飞灰-矿渣基充填材料中垃圾焚烧飞灰的最优掺量为60%，为垃圾焚烧飞灰中重金属镉的稳定化处理提供了解决方案。冉新等[48]用碱激发的方法制备垃圾焚烧飞灰地聚合物胶凝材料，得到了垃圾焚烧飞灰掺加30%时，固化体28 d抗压强度最高为31.2 MPa，评价了掺入矿粉、粉煤灰及偏高岭土不同材料所形成的地聚合物对重金属的固化效果，证明了矿粉对垃圾焚烧飞灰的固化效果更好。Mao等[49]以垃圾焚烧飞灰为主要原材料，水洗后加脱硫石膏和铝灰制备硫铝酸盐胶凝材料。重金属浸出试验结果符合国际标准，表明胶凝材料可以固化垃圾焚烧飞灰中的重金属离子且固化效果良好。

Zhao等[50]用熔盐法处理垃圾焚烧飞灰,经过处理的垃圾焚烧飞灰质量分数下降50%,转变成具有优良胶凝性的胶凝材料,既除去了重金属离子,还可以合成类铝酸盐水泥。Tian等[51]研究发现添加10%的偏高岭土后,垃圾焚烧飞灰基胶凝材料的抗压强度显著提高,Pb、Cd和Zn等重金属浸出浓度均满足填埋标准要求。

除地聚合物固化外,药剂稳定也是垃圾焚烧飞灰中金属固化的常用方法。在金属固化剂的选择上,目前主要有三种形式:第一种以磷酸二氢钠、磷酸二氢钾、硫化钠等为代表的无机固化剂;第二种是以硫脲、二乙基二硫代氨基甲酸钠(DTC)、二甲基DTC等为代表的有机固化剂;第三种则是有机和无机共同使用的混合固化剂。无机固化剂通过与重金属发生沉淀反应或吸附包裹作用从而降低重金属的浸出可能性,缺点是固化效果差,且药剂对重金属的针对性强,一种药剂往往只对一种重金属有效。有机螯合剂利用自身的活性基团与重金属元素发生交联、络合反应,稳定效果更佳[52],对重金属具有普适性,然而成本高昂的缺点阻碍了其工业化应用。为节约成本同时达到良好的固化效果,目前最常用的是混合固化剂。朱节民等[53]通过正交试验研究了硫化钠、磷酸二氢钠、乙硫氮和丁铵黑药在不同配合比下对重金属的固化效果,采用硫化钠+磷酸二氢钠+丁铵黑药作为稳定化方案时,针对不同的处理要求,最优组合不同,其中投加量最少的组合是1.2%的硫化钠、1.2%的磷酸二氢钠、0.8%的丁铵黑药。朱子晗等[54]研究了硫化钠、磷酸二氢钠、硫脲、二甲基DTC和二乙基DTC等固化剂对Pb的稳定效果,结果显示药剂处理后(特别是有机药剂),飞灰重金属的抗酸碱能力提升。在相同投加比例下,有机药剂处理后重金属的pH值达标范围更大。无机药剂处理后Pb的浸出性随养护时间延长而递减,有机药剂的特征官能团容易氧化或以气体形式释放,导致稳定效果随养护时间不断减弱。

飞灰中有许多常见的无机盐,这些无机盐对地聚合物的影响很重要。Chen等[55]研究了用去离子水、硝酸、碳酸钠处理飞灰以去除氯化物和硫酸盐,并且分析了处理过和未处理过的飞灰的物理和化学结构,以了解氯化物和硫酸盐的去除机理。Lee等[56]研究了无机盐对粉煤灰基地聚合物强度和耐久性方面的影响,发现在强度和耐久性方面,氯化盐(例如$KCl$、$CaCl_2$、$MgCl_2$)对使用少量碱性活化剂合成的地聚合物有不利影响。Liu等[57]提出了一种新的城市生活垃圾飞灰浸出液洗涤-渣液电解脱盐工艺,探讨了高盐洗渗滤液精矿的低碳电解处理策略。此外,来源于铝箔和钉子中的金属铝通常会残留在飞灰中[58],垃圾焚烧的温度一般在800~1 000 ℃,煅烧的固体废物在焚烧炉内的时间一般为1~1.5 s,极短暂的停留时间和金属表面形成的氧化物导致金属铝不能被有效地氧化而保留在飞灰中。绝大部分没有氧化的金属块在经过焚烧炉后被分离成底灰,但是较细的金属颗粒与烟道气体一起经过袋式过滤器被收集形成飞灰。当金属铝在碱活化过程中与碱发生反应时会生成氢气,如式(1-1)和式(1-2)所示,生成的氢气导致碱激发胶结材料中存在大量的孔结构,使材料的抗压强度和耐久性下降,但是类似的方法在工业及工程应用中是不经济的[59-60]。Tian等[61]研究了残余金属铝对碱激发垃圾焚烧飞灰基浆体膨胀性能和微观结构的影响,认为可以适当添加粉煤灰调节活性硅铝比,实现垃圾焚烧飞灰的碱活化性能。因此,在碱激发活化之前,有必要针对飞灰探索有效预处理方法以去除金属铝。

$$Al + 2OH^- + H_2O \longrightarrow [AlO(OH)]^- + H_2 \uparrow \quad (1-1)$$

$$2Al + 2OH^- + 6H_2O \longrightarrow 2[Al(OH)_4]^- (aq) + 3H_2 \uparrow \quad (1-2)$$

### 1.2.2 煤矸石资源化利用研究

煤矸石的主要矿物成分为石英和高岭石。中国是世界上开采和利用煤炭最多的国家之一,我国煤矸石积累量已达到70多亿吨,大量的固体废弃物对周围的土地以及生态环境等造成了严重的破坏。近年来,随着国家环保政策的加强,煤矸石资源化利用得到了更多的关注,许多学者开始重视煤矸石的无害化处理,并且在煤矸石处理和利用[62-63]方面也取得了很多重要成果。目前煤矸石研究主要从以下几个方面开展。

#### 1.2.2.1 改良土壤

由于长期使用化肥,土壤中的有机质逐渐减少,导致土壤盐碱化等退化问题产生[64]。煤矸石中含有丰富的有机质,适量使用可以改善土壤微生物的生存环境,促进植物生长[65]。张宇航等[66]将不同粒径和不同掺量的煤矸石施加在盐碱土壤中,并进行盆栽试验,发现适当地加入煤矸石可以改良盐碱土壤的环境质量,20%掺量的小粒径和混合粒径煤矸石可以作为盐碱土壤的改良剂,它对盐碱土壤的改良效果较好。高国雄等[67]利用煤矸石搭建沙障,发现煤矸石沙障不仅使沙地土壤水分含量提高,还使沙地土壤中的有机质、全N、速效P和速效K含量显著提高。

#### 1.2.2.2 建筑材料

煤矸石主要是碳质、泥质和砂质的混合物,在建筑行业有着广泛的应用,包括用于混凝土的粗细骨料、水泥的配制、砖的生产以及新型墙体材料等。煤矸石经过破碎和筛分之后可作为混凝土的骨料。Zhou等[68]研究了自燃煤矸石取代率对混凝土抗压强度、应力-应变曲线特征和微观结构的影响,提出了煤矸石粗骨料混凝土受压应力-应变曲线预测模型。张战波等[69]利用煤矸石替代天然粗骨料制备用于矿井巷道地面的煤矸石混凝土,采用正交试验设计的方法,研究了取代率对煤矸石混凝土试件力学性能的影响机制。Zhang 等[70]利用煤矸石作为细骨料,采用室内试验和数值模拟相结合的方法,研究了不同煤矸石细骨料取代率对混凝土力学性能的影响。白国良等[71]以煤矸石作为粗骨料制备混凝土,对煤矸石的物理和化学性质进行了深入分析,并探讨了煤矸石粗骨料对混凝土抗压强度等力学性能的影响。

煤矸石的矿物成分与黏土相似,可用来制备水泥、制砖。苏文君[72]以煤矸石为硅铝质原料,研究了不同配方对熟料抗压强度和微观结构的影响,并探索出水泥熟料制备的合理配方。尹相勇[73]使用自燃煤矸石制备出低熟料复合水泥,发现配制出的低熟料复合水泥的综合性能和普通硅酸盐水泥的各类性能相当。Luo 等[74]以污泥和页岩为黏结剂,利用煤矸石和铁尾矿制备复合烧结砖,测试其复合烧结砖的体积密度、烧结收缩率、吸水率和抗压强度,确定最佳制备条件。李学军[75]利用煤矸石在免烧结的情况下制备透水砖,研究了制备过程中成型和养护方式对透水砖性能的影响,得到了提高透水砖劈裂抗拉强度的制备方法。Zhu 等[76]以煤矸石为骨料,尾矿为结合剂,采用骨料部分烧结法制备透水砖,研究了骨料含量和粒径对制备透水砖力学性能的影响,制备出具有最佳工艺参数的透水砖,该砖具有较高的透水性和抗压强度。

煤矸石可以制备玻璃陶瓷、保温砌块等新型墙体材料。石纪军等[77]使用煤矸石和尾砂作为原材料,通过发泡法制备闭孔泡沫陶瓷,解决了气孔结构的有序性不佳等问题。Zhou 等[78]将煤矸石作为原材料,采用喷雾干燥-烧结法制备陶瓷微球吸收剂,并对吸附剂的结构性质进行了表征,使用煤矸石陶瓷吸附剂处理有色废水可以达到以废治废的目标。由于煤矸石的大量产出和低廉的价格,它在建筑材料领域展现出巨大的应用潜力。

### 1.2.2.3 回填复垦

煤矸石因其巨大的存储量而受到关注,实际上它是由众多矿岩混合而成的。有研究[79]发现煤矸石具有良好的吸附特性和浸出行为,因此可将其用于回填复垦,不仅缓解了煤矸石对环境的污染,还改善了因煤矿开采造成的地表沉降问题。陈利生等[80]使用煤矸石回填采煤塌陷区,对煤矸石的物化特性和力学性能等进行研究,分析煤矸石回填塌陷区的可行性。Zhang 等[81]采用强夯法对煤矸石的深层压实进行试验研究,进行了不同夯击能的强夯试验来改善煤矸石的充填,发现煤矸石充填体的承载能力和抗变形能力随着夯击能的增大而增大。Shen 等[82]以生物质粉煤灰(BFA)为辅助胶凝材料,采用数字图像相关技术、超声脉冲速度和微观测试等方法对自密实煤矸石充填体(SCFB)进行试验研究,发现 BFA 在水灰比含量较高的 SCFB 试样中表现出更好的反应活性和充填效果。马瑞峰[83]以煤矸石粉和矿渣为胶凝材料,将自燃煤矸石作为骨料制备一种新型膏体充填材料,采用响应面法和满意度函数法得到最优配合比;通过单轴压缩、单轴循环加卸载试验和数字散斑方法,分析充填体的损伤演化规律。Chen 等[84]制备了不同比例赤泥和硅酸盐水泥的煤矸石胶结膏体回填试块,通过单轴压缩试验分析了该膏体的宏观强度和微观结构演变。徐良骥等[85]认为与天然煤矸石填充区的土壤相比,分选后的煤矸石填充区土壤展现出更出色的保水、保肥和透气特性,并且煤矸石复垦土壤中重金属含量符合国家二级标准。

### 1.2.3　碱激发材料的研究现状

碱激发材料的定义最早是 1930 年由德国的 Kuhl 提出的[86]。目前,很多科研团队都开展了碱激发材料的研究,俄罗斯和波兰等国利用碱激发材料进行浇筑工作;*Composites Part B* 的主编王浩教授表明,除机场跑道外,澳大利亚的图文巴机场(Brisbane West Wellcamp Airport)在其他相关活动地面上都使用了碱激发粉煤灰混凝土,其使用量高达 40 000 $m^3$。

目前,常用的碱激发材料有赤泥、煤矸石、粉煤灰、矿渣和硅灰等,这些材料的共同点是其化学成分主要是 $SiO_2$ 和 $Al_2O_3$。任何可以提供碱性阳离子的物质都可以视为碱激发剂[87],常用的碱激发剂有氢氧化钠(NaOH)、硅酸钠($Na_2SiO_3$)、氯化钠(NaCl)和 NaOH+$Na_2SiO_3$ 等。Díaz 等[88]将建筑拆迁废物(CDW)用作生产新型活性水泥的前驱体,分析了稻壳灰(RHA)部分替代 CDW 和碱性活化剂的模量两个因素的影响,采用力学和微观测试等方法对碱活化水泥进行了表征。Zhang 等[89]以油页岩渣、磨细高炉渣和粉煤灰为原材料制备一种新型碱激发材料(AAMs),采用抗压抗折强度试验、流动性试验、凝结时间和微观结构等测试方法对 AAMs 的力学性能和水化产物等进行分析。Luan 等[90]将烟气脱硫固体废物石膏(DG)加入碱活化粉煤灰与磨细高炉矿渣复合制备胶凝材料中来优化其强度性能,发现 DG 中的 $SO_4^{2-}$ 在固化期间不断与 $Ca^{2+}$ 和活性硅酸盐反应形成钙矾石,形成更致密的基体结构。Luo 等[91]以碱激发矿渣-粉煤灰体系作为胶凝材料替代普通硅酸盐水泥,揭示了碱活性矿渣-粉煤灰料浆中前驱体组成和水玻璃模量的变化对其强度和自收缩的影响。罗晓洪等[92]以磷石膏、粉煤灰和矿渣为原材料,以电石渣(CS)为碱激发剂,研究了不同掺量 CS 对过硫磷石膏胶凝材料力学性能的影响,并通过 X 射线衍射(XRD)

和扫描电子显微镜(SEM)对其水化产物和微观结构进行分析。朱龙涛[93]以未煅烧煤矸石为主要原材料,在氢氧化钠和氢氧化钙[$Ca(OH)_2$]混合激发剂的作用下制备地聚合物,通过微观测试对试件的微观形貌进行表征,将试件强度和微观测试相结合进行深入研究。研究表明,当煤矸石掺量为30%时,抗压强度可达到22 MPa,混合激发剂提供了大量的活性钙源,反应过程中生成了大量的C(N)—A—S—H凝胶和部分C—S—H凝胶,为早期抗压强度奠定了基础。吴航[94]以煤矸石、钢渣和矿粉为原材料,以氢氧化钠为碱激发剂,探讨碱激发煤矸石混合料路用性能,发现氢氧化钠激活的煤矸石混合物在力学性能和耐久性上均能满足道路基层的标准。马宏强等[95]使用氢氧化钠和硅酸钠作为碱激发剂制备地聚合物,研究氢氧化钠模数对碱激发胶凝材料基本性能的影响,并借助微观方法深入探讨材料的胶结机理。

### 1.2.4 固废基胶凝材料研究现状

近年来,已有大量学者对固废基胶凝材料进行了研究。Wang等[96]探究了脱硫石膏对粉煤灰-矿渣-脱硫石膏胶凝材料性能的影响,结果表明脱硫石膏可提高胶凝材料早期强度,但掺量过多易导致基体疏松多孔。Wan等[97]将垃圾焚烧飞灰和矿渣与水泥混合,发现水泥中硫酸根离子对矿渣和垃圾焚烧飞灰具有一定的激发作用,利于水泥强度提高和重金属固化。Guo等[98]利用碱渣、电石渣、矿渣和粉煤灰制备了一种复合胶凝材料,发现采用75 ℃高温养护12 h的方案加速了凝胶产物和水滑石等产物的形成,胶凝材料强度显著提高。He等[99]以电解锰渣、矿渣和水泥为原料制备了复合胶凝材料,发现电解锰渣掺量小于15%时,胶凝材料流动性较好,同时有效地降低了碳排放量。Zhan等[100]研究了氧化钠掺量对偏高岭土-矿渣胶凝材料宏观性能和孔结构的影响,结果表明氧化钠掺量从8%增加到12%时,胶凝材料抗压强度和干燥收缩率分别增长了20.57%和215.11%。Wang等[101]在电石渣-赤泥-粉煤灰胶凝体系中引入垃圾焚烧飞灰制备一种四元胶凝材料,发现垃圾焚烧飞灰的加入可提高胶凝材料强度,反应产物主要为C—A—S—H、水合氯铝酸钙和钙矾石。Chang等[102]以煤气化粗渣(CGCS)为原料制备硫酸活化胶凝材料,发现浓度为65%的硫酸在80 ℃条件下养护2 d后胶凝材料强度达到25.84 MPa。Heikal等[103]研发了高炉矿渣-旁路水泥粉尘(CKPD)-微硅粉复合胶凝材料,研究表明CKPD掺量为20%时胶凝材料具有较低的孔隙度及较高的抗压强度、堆积密度和结合水含量。Xiang等[104]利用钢渣、复合剂细砂碎石和外加剂等制备胶凝材料,发现300次循环时,胶凝材料相对动弹性模量为66%,质量损失为1.1%,抗冻等级为F300。Ma等[105]探究了煤气化渣(CGS)-普通硅酸盐水泥(OPC)和循环流化床粉煤灰(CFBFA)-OPC两种二元胶凝材料,发现CFBFA降低了体系的流动性并缩短了凝结时间,而CGS与CFBFA效果相反。Luo等[106]探究了高性能水泥-锂粉-矿渣胶凝材料的基本性能,发现锂粉单掺对试件28 d抗压强度和抗碳化性能具有积极作用,但对流动度和抗氯离子渗透性能不利。Chen等[107]探究了拜耳赤泥-金尾矿胶凝材料的28 d强度活性指数,发现煅烧温度为630 ℃时胶凝材料反应活性显著增强。

### 1.2.5 膏体充填材料研究现状

国内外学者对膏体充填材料的性能、微观机理和变形破坏等方面开展了大量研究。Xin等[108]以煤气化渣、水泥为胶结材料,以风积沙为集料,制备了一种新型膏体充填材料,所研发充填体可在地下矿井中为顶板提供良好的支撑。Chen等[109]探究了养护温度和固化应力对膏体充填材料的性能影响,发现固化应力对充填体孔隙结构影响显著,养护温度对充填体和水化进程影响显著。Huang等[110]探究了质量分数、废石含量和灰砂比对充填体强度和流动性的影响,发现灰砂比对强度影响最大,质量分数对坍落度影响最大。陈威等[111]探究了细菌来源、细菌溶液体积分数和黏结剂质量分数对充填材料性能的影响,发现各因素影响程度按由大到小依次为黏结剂质量分数、细菌溶液体积分数和细菌来源。Dong等[112]探究了硫化物含量对铅锌尾矿充填体长期强度的影响,发现硫化物具有早强剂特性,充填体90 d抗压强度在硫化物影响下均呈下降趋势。陈顺满等[113]研究了养护压力与养护时间对膏体充填材料的影响,发现充填体抗压强度随养护压力的增加呈一元二次函数增长,随养护时间的延长逐渐增加。Zhao等[114]探究了引气剂对充填体孔结构的影响,发现随着引气剂掺量增加,充填体不同孔径的总孔体积增大,中大和中孔比例增大,小孔比例减小。Wang等[115]采用稻壳灰替代胶凝材料制备充填体,探究了稻壳灰掺量对充填体孔结构和力学性能的影响,发现充填体孔隙度随稻壳灰用量和养护时间的增加而降低,抗压强度随稻壳灰用量的增加而增加,抗压强度与孔隙度呈线性负相关关系。朱庚杰等[116]基于D-最优设计方法制备固废基膏体充填材料,发现所制备膏体充填材料胶凝材料最佳配合比为矿渣85%、熟石灰8.03%、硫酸钠3.96%、脱硫石膏1.85%、NaOH 1.16%,该配合比下所制备充填体早期抗压强度可超过单一水泥体系3.5倍,后期抗压强度超过单一水泥体系2倍。Sun等[117]以矿渣、硅粉和尾矿为原材料,在碱激发作用下制备了膏体充填材料,通过SEM、能谱仪(EDS)和傅里叶变换红外吸收光谱仪(FTIR)等进行微观测试,发现体系中生成了大量硅酸钙凝胶和镁铝型层状水滑石,增强了体系的致密性。Lu等[118]以赤泥、矿渣及煅烧牡蛎壳粉胶结铁尾矿为原材料制备膏体充填材料,发现膏体充填材料聚合产物主要为水化硅酸钙凝胶、水化硅铝酸钙凝胶、钠长石及磷铝石等。Wang等[119]采用玉米秸秆焚烧灰替代粉煤灰制备膏体充填材料,发现玉米秸秆焚烧灰替代40%的粉煤灰时,充填体表面呈双裂纹破坏而内部呈单裂纹破坏。冯国瑞等[120]制备了不同截面边长的柱式矸石充填体,通过单轴压缩试验结合声发射及数字图像相关法对充填体的破坏特征进行研究,建立了尺寸效应影响下柱式矸石胶结充填体的损伤本构模型。

### 1.2.6 充填体的蠕变性能研究

充填体在充入地下后对控制上覆岩层移动变形和地下空间稳定起决定作用。充填工作结束后,充填体在采空区长期支撑上覆岩层,在上部顶板持续压力作用下充填体会发生蠕变,甚至失稳破坏,引发群柱性失稳,关系到采空区的长期稳定与安全[121-124]。

目前,国内外学者针对充填体的蠕变特性开展了众多工作,并通过组合不同的模型元件或考虑材料损伤,改进Burgers体、西原体和Bingham体等模型,以建立相应的蠕变本构方程,探讨充填体时效力学特性。周茜等[125]探究了富水充填材料稳定性与时间的关系及其在荷载作用下的失稳破坏特征与损伤发展规律,通过蠕变试验对不同应力水平下富水充填材料的蠕变性能进行测试,研究蠕变过程中应变速率衰减、稳定及加速三个蠕变阶段应变随时间的变化特征,提出充填体失稳的临界荷载。程爱平等[126]从长期力学性能角度出发,研究了铁矿尾砂-水泥胶结充填体的蠕变损伤特性,发现应力水平对胶结充填体减速蠕变、稳定蠕变和加速蠕变3个阶段影响显著,并建立了考虑应力水平和损伤的胶结充填体蠕变模型。孙琦等[127-128]对充填膏体进行了三轴蠕变试验,对试验现象进行深入分析和归纳总结后推导了三维蠕变本构方程,并研究了扰动条件下充填体材料的蠕变特性,认为扰动会加速充填体的蠕变变形及蠕变破坏。冉洪宇等[129]在考虑到材料本身配合比也会影响充填体蠕变性能后研究了水胶比和骨料级配对矸石胶结充填材料蠕变性能的影响,通过单轴压缩分级加载蠕变试验,研究不同骨料级配、不同水胶比条件下矸石胶结充填材料的蠕变变形过程,得到不同骨料级配和不同水胶比充填材料蠕变失稳破坏的临界荷载与长期稳定强度,为矸石胶结充填体的设计提供参数。孙春东等[130]研究发现降低高水速凝材料水灰比,可提高充填体蠕变极限载荷,强化其长期承载能力。任贺旭、赵树果等[131-132]以不同灰砂比下全尾砂胶结充填材料单轴压缩蠕变试验为基础,探讨了充填材料配合比对胶结充填材料蠕变变形的影响规律,基于蠕变试验数据构建了全尾砂胶结充填材料蠕变本构模型。

由上述研究可以看出,充填体在长期荷载和复杂荷载作用下的蠕变损伤和失稳破坏已经在很大程度上引起了人们的关注,随着相关研究的不断深入,充填体的长期力学性能将会被更加全面地应用到工程实际中去,使其在指导采空区充填的过程中发挥更大的作用。

### 1.2.7 纤维增强充填体的研究现状

近年来,纤维增强充填体性能受到了国内外学者的广泛关注,并取得了丰硕的成果。Hou 等[133]研究掺入不同纤维种类对尾砂胶结充填体(CTB)性能增强和成本降低的影响,深入分析纤维对 CTB 工作特性和微观结构的影响,发现聚丙烯(PP)、玄武岩和稻草纤维的添加可显著提高 CTB 的峰值强度,存在最优纤维含量为 0.6%,且纤维分布起到承载和分散作用的变形特征。Hou 等[134]分析了玄武岩纤维、聚丙烯纤维和橡胶颗粒对胶结粗骨料充填体强度的影响,通过工程实例和数学综合评价模型,确定了 3 种掺合料的最佳掺量为玄武岩纤维 0.4%、聚丙烯纤维 0.6%、橡胶颗粒 5%。Yin 等[135]研究了聚丙烯纤维对含硫尾砂胶结充填体(CSTB)力学性能、破坏形态和损伤演化的影响,发现添加纤维可以有效抑制 CSTB 在破坏过程中的裂纹扩展,从而提高 CSTB 的整体抗裂能力。Xue 等[136]通过单轴压缩试验和扫描电镜试验,研究了不同纤维掺量对尾砂胶结充填体(CTB)力学性能和微观结构的影响,认为纤维增强 CTB 试样具有致密的微观结构和良好的附着力,抑制了裂纹扩展。Wang 等[137]研究了碱化水稻秸秆长度对充填体力学性能的影响,发现当秸秆长度为 12 mm 时,充填体试样具有最优的抗拉强度,且秸秆的掺入能够有效提高充填体的整体性和韧性。Cao 等[138]采用 3 种不同类型纤维对 CTB 的强度、韧性和微观结构特性进行了试验研究,发现不同纤维类型和不同含量的加入使充填体的韧性发生显著变化,纤维增强试样的抗裂性能明显优于未掺纤维试样。赵康等[139]研究了不同玻璃纤维掺量对 CTB 损伤的影响,发现适当地掺入玻璃纤维能够提高充填体的整体性,并且能够降低充填体达到峰值应力时的损伤值。Chen 等[140]采用正交试验,研究了不同聚丙烯纤维长度对 CTB 的影响,发现聚丙烯纤维能够降低充填体的孔隙率,从而提高充填体的整体稳定性。

## 1.3 研究内容、研究方法

### 1.3.1 研究内容

由上述讨论可知,国内外科研人员对垃圾焚烧飞灰的研究尚处于起步阶段,相关研究多集中在飞灰的无害化处理方面,对于垃圾焚烧飞灰的再利用研究较少。将垃圾焚烧飞灰用于矿山采空区的充填工作中,一方面解决了飞灰无处堆放的问题,另一方面节省了传统充填材料的使用量[141-142]。将循环流化床垃圾焚烧飞灰和粒化高炉矿渣混合,经 NaOH 改性水玻璃激发后制备出能满足工程应用的充填材料。制备垃圾焚烧飞灰基膏体充填材料,分析其重金属淋溶释放规律并探究其破坏特征,通过数值模拟验证垃圾焚烧飞灰基膏体充填材料工程应用的可行性。主要研究内容如下。

(1) 试验原材料的基本物化特性及焚烧飞灰预处理

对试验原材料的基本性能进行测试,并采用不同激发剂和水洗工艺相结合的方法,对垃圾焚烧飞灰进行去泡预处理,以试件单轴抗压强度和密度为研究目标,选取最优预处理方案。

(2) 垃圾焚烧飞灰基胶凝材料制备

以氢氧化钠和水玻璃为复合激发剂,以预处理后的垃圾焚烧飞灰和矿渣为原材料制备垃圾焚烧飞灰基胶凝材料。选取矿渣掺量、水玻璃模数和用碱量为试验因素,采用单因素试验,探究不同因素对胶凝材料抗压强度和流动度的影响效应。

(3) 胶凝材料胶砂试验及微观机理分析

设计矿渣掺量、水玻璃模数和用碱量为试验因素,以胶砂试件抗折强度和抗压强度为研究目标开展正交试验,通过极差、方差和灰色关联度等方法探究各因素对研究目标的影响程度和最优配合比组合,结合重金属浸出浓度获得胶凝材料的最优配合比。通过重金属浸出分子动力学模拟,揭示 C—A—S—H 凝胶对重金属的吸附效果。综合 XRD、FTIR 和 SEM-EDS 等测试手段揭示了胶凝材料的微观机理。

(4) 膏体充填材料制备及微观机理分析

在所研发的胶凝材料基础上,以煤矸石为骨料制备膏体充填材料。以质量浓度、骨胶比和细矸率为试验因素,以充填材料 28 d 抗压强度、坍落度和成本为响应值,开展膏体充填材料的 Box-Behnken 设计(BBD)响应曲面试验,结合满意度函数法得到充填材料的最优配合比。结合 FTIR 和 SEM 微观手段,揭示充填材料的微观机理。

(5) 膏体充填材料破坏特征研究及应用

对制备的膏体充填材料开展数字散斑试验和声发射试验,揭示了充填材料变形破坏特征及其失稳破坏的预测指标。基于不同阶段的变形特征和损伤力学的相关理论,构建了充填材料的分段式损伤本构方程。采用 FLAC$^{3D}$ 数值模拟软件,对充填材料在实际工程中的应用进行模拟,探究了采空区充填治理前后的地表移动与变形规律,验证了其工程可行性。

(6) 探究水玻璃掺量(复合激发剂中 $Na_2O$ 质量占垃圾焚烧飞灰和矿渣总质量的比例)和垃圾焚烧飞灰掺量以及水玻璃模数对充填材料流动度、流变性能、凝结时间、抗压强度、重金属浸出浓度的影响规律,通过微观测试合理解释宏观现象形成的原因及内在机理,最终筛选出最适合矿山采空区充填使用的配合比。

(7) 利用充填体的最佳配合比制备的样品进行单轴和三轴蠕变试验,探索不同围压和轴压对垃圾焚烧飞灰基充填材料瞬时变形、蠕变过程和试件变形模式的影响。结合蠕变曲线类型,挑选出能准确描述蠕变过程的本构方程。

(8) 以蠕变试验测得的各项参数为依据建立模型,以阜新市平安区某小窑采空区为工程背景,通过数值模拟的形式验证垃圾焚烧飞灰基充填材料的长期稳定性。

(9) 采用的煤矸石通过球磨成煤矸石粉作为主要原材料制备净浆。在净浆最优配合比基础上,以破碎筛分后的煤矸石作为骨料制备充填体,以坍落度和抗压强度为指标值选取最优配合比。在充填体最优配合比的基础上,加入聚丙烯纤维,研究聚丙烯纤维对充填体在单轴压缩试验与动态压缩试验下的影响。

### 1.3.2 研究方法

(1) 取阜新产垃圾焚烧飞灰,对其进行颗粒粒度分析;用 X 射线荧光光谱仪(XRF)检测飞灰的单质和氧化物组成及含量;用 XRD 分析其晶体种类;用 SEM 观察自然状态下垃圾焚烧飞灰颗粒的微观形貌。

(2) 以飞灰用量、水玻璃掺量和水玻璃模数为变量进行试验设计,探索重金属固化的机制和试验因素的影响,最终筛选出最合适的配合比。

(3) 对垃圾焚烧飞灰基充填材料进行单轴和三轴蠕变试验,推导出适用于描述飞灰基充填材料蠕变特性的本构模型,并用数值模拟软件进行分析,预测充填体的充填效果。

(4) 以球磨后的煤矸石粉、矿渣和生石灰为原材料,以氢氧化钠为碱激发剂。采用单因素试验设计方法,将生石灰掺量(生石灰质量与胶凝材料质量的比值)、煤矸石粉掺量(煤矸石粉质量与胶凝材料质量的比值)和氢氧化钠掺量(采用外掺法,氢氧化钠质量与胶凝材料质量的比值)作为影响因素,对碱激发胶凝材料的工作特性和力学性能进行测试,最后结合成本和微观结构检测(SEM、XRD 和 FTIR)选取最优配合比。

(5) 在净浆最优配合比的基础上,采用经过破碎和筛分的煤矸石作为粗细骨料来制作充填体。采用单因素试验设计方法,将骨胶比、细矸率和质量浓度作为影响因素,将坍落度和单轴抗压强度作为评价标准,选取充填体试样的最优配合比，并使用 SEM 测试方法来研究其在不同养护龄期下反应产物的外观特性。

（6）在充填体最优配合比的基础上，添加 PP 纤维制备纤维增强充填体。采用单因素试验设计方法，通过对达到养护龄期的掺与未掺 PP 纤维的充填体试样开展单轴抗压强度测试，分析 PP 纤维长度和掺量对充填体抗压强度、应力-应变曲线、应力变化特征、应变变化特征和能量耗散特征的影响规律，并对充填体试样的破坏形态进行分析讨论。最后结合 SEM 的测试手段分析掺 PP 纤维后充填体试样不同养护龄期下反应产物的微观形貌。

（7）利用摆锤冲击加载 SHPB 试验装置，采用单因素试验设计方法，通过对达到养护龄期的掺与未掺 PP 纤维的充填体试样开展动态压缩试验，研究了不同冲击速度下不同长度 PP 纤维充填体的动态抗压强度特征、应力-应变曲线特征、能耗特征、破坏形态特征分析以及分形维数分析。

# 2 垃圾焚烧飞灰基充填材料的制备方法

## 2.1 试验材料的基本理化性质

试验使用阜新市垃圾焚烧厂生产的循环流化床垃圾焚烧飞灰[图 2-1(a)](简称矿渣),飞灰粉体呈棕褐色,有颗粒感,飞灰中含有极少量未燃烧充分的金属和玻璃制品。矿渣选用河南铂润铸造材料有限公司生产的 S95 级矿渣,矿渣呈白色[图 2-1(b)],无明显颗粒感。改性水玻璃采用速溶硅酸钠($Na_2O \cdot 2.85SiO_2 \cdot H_2O$)和片碱(NaOH)加水溶解制得,分别见图 2-1(c)、(d)。速溶硅酸钠为白色粉末,颗粒间无粘连,具有良好的溶解性;片碱为市售分析纯,呈不规则片状,暴露在空气中迅速潮解。

图 2-2 所示为垃圾焚烧飞灰在扫描电子显微镜下被放大 77 倍和 10 000 倍的图像,可以看出垃圾焚烧飞灰颗粒表面粗糙,整体呈不规则形状,颗粒间相互重叠但存在一部分缝隙。

(a) 垃圾焚烧飞灰　　(b) 矿渣

图 2-1　试验用原材料

(c) 速溶硅酸钠　　　　　　　　(d) 片碱

图 2-1(续)

(a) 77倍图像　　　　　　　　(b) 10 000倍图像

图 2-2　垃圾焚烧飞灰微观形貌

垃圾焚烧飞灰和粒化高炉矿渣(简称矿渣)的粒径分布见图 2-3,由粒径分布图可以看出,垃圾焚烧飞灰粒径整体偏大,颗粒大小集中在 20～110 μm,矿渣粒径较小,主要集中在 1～10 μm。

作者使用 XRF(型号:荷兰 PANalytical Axios)分别检测垃圾焚烧飞灰、矿渣中单质和氧化物的种类及质量分数,检测结果见表 2-1。从表中数据可以看出,垃圾焚烧飞灰和矿渣的主要成分没有本质区别,只是在含量上不同,这也是两种材料能够协同作用的基础。由测试结果可以看出,垃圾焚烧飞灰中 $SiO_2$、$Al_2O_3$ 的成分占比分别为 25.36% 和 17.46%,总含量超过 40%,可作为胶凝体系中硅铝元素

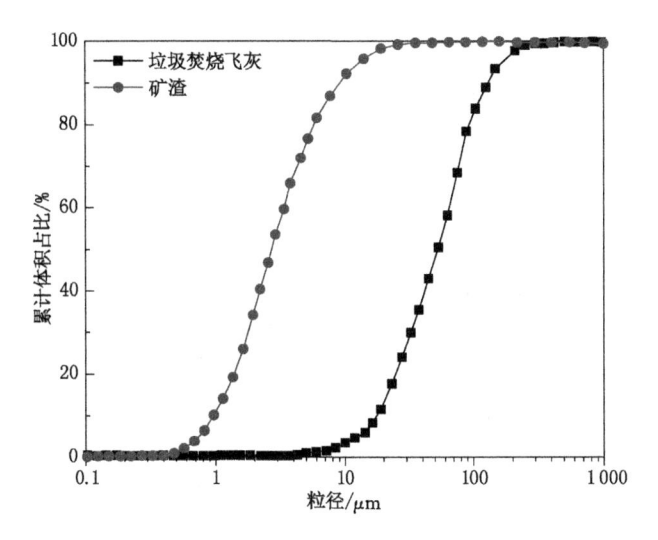

的主要来源。考虑到垃圾焚烧飞灰中 Ca 元素含量相对较少,不宜作为激发剂使用。

图 2-3 原材料的粒径分布

表 2-1 垃圾焚烧飞灰和矿渣的主要成分及质量分数  单位:%

| 样品 | $SiO_2$ | $Al_2O_3$ | CaO | $Fe_2O_3$ | MgO | $Na_2O$ | $K_2O$ | Cl | $SO_3$ | 其他 |
| --- | --- | --- | --- | --- | --- | --- | --- | --- | --- | --- |
| 垃圾焚烧飞灰 | 25.36 | 17.46 | 24.49 | 5.29 | 4.33 | 4.43 | 3.24 | 9.22 | 4.75 | 1.43 |
| 矿渣 | 34.24 | 12.15 | 40.33 | 0.77 | 5.34 | — | 0.55 | — | 5.33 | 1.29 |

垃圾焚烧飞灰和矿渣的 XRD(型号为日本理学 Rigaku Ultima IV;波长为 1.541 8,电压为 40 kV,电流为 40 mA)曲线如图 2-4 所示。从 XRD 曲线中可以看出,垃圾焚烧飞灰结晶相物质较多且种类丰富,除了石英、方解石等固体废弃物中常见的物质外,还检测出赤铁矿和硬石膏等含铁和含硫化合物,这也从侧面反映出城市生活垃圾成分复杂多样,其综合治理工作要比常规工业固体废弃物困难。在矿渣的 XRD 曲线中没有发现明显的结晶相物质,而是在 $2\theta =25°\sim 35°$ 处存在一个包峰,这表明矿渣中存在大量活性物质,这些活性物质聚合度低,是参与聚合反应形成凝胶产物的主要原料。

矿渣中的玻璃体并非由被 $Ca^{2+}$ 包裹的孤岛状硅氧四面体组成,而是以二聚体、三位架构或环状链状硅氧四面体的形式存在。采用《用于水泥中的粒化高炉矿渣》(GB/T 203—2008)中建议的公式计算本试验用矿渣的质量系数,质量系数 $K$ 的计算公式如下:

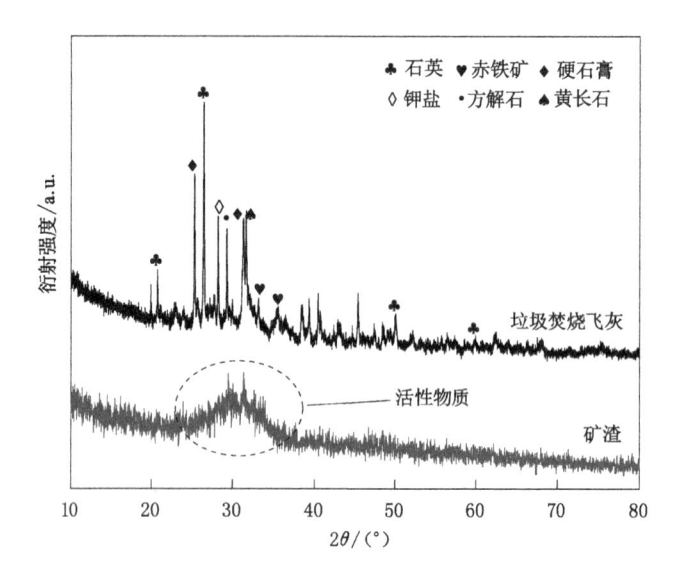

图 2-4 原材料的 XRD 曲线

$$K=(w_{CaO}+w_{MgO}+w_{Al_2O_3})/(w_{SiO_2}+w_{MnO}+w_{TiO_2}) \tag{2-1}$$

式中　$K$——矿渣的质量系数；

　　　$w_{CaO}$——矿渣中 CaO 的质量分数,%；

　　　$w_{MgO}$——矿渣中 MgO 的质量分数,%；

　　　$w_{Al_2O_3}$——矿渣中 $Al_2O_3$ 的质量分数,%；

　　　$w_{SiO_2}$——矿渣中 $SiO_2$ 的质量分数,%；

　　　$w_{TiO_2}$——矿渣中 $TiO_2$ 的质量分数,%；

　　　$w_{MnO}$——矿渣中 MnO 的质量分数,%。

经计算,本试验中所使用矿渣的质量系数 $K=1.69>1.2$,这说明矿渣具有良好的水硬活性,外界激发后可迅速产生强度。速溶硅酸钠的性能指标见表 2-2。试验用水均为自来水。

表 2-2　速溶硅酸钠的主要成分和性能指标

| 样品 | $w_{SiO_2}/\%$ | $w_{Na_2O}/\%$ | 烧失量/% | $w_{结晶水}/\%$ | 模数 | 密度/(g/cm³) |
| --- | --- | --- | --- | --- | --- | --- |
| 速溶硅酸钠 | 58.10 | 20.90 | 0.10 | 20.90 | 2.85 | 0.50 |

## 2.2 试样制备方法

### 2.2.1 配合比设计及材料准备

#### 2.2.1.1 配合比设计

垃圾焚烧飞灰中含有大量重金属,其掺量直接决定材料的环境安全性。水玻璃掺量通过控制聚合反应程度使材料强度达到合适的区间。水玻璃模数决定了反应初期体系中 $SiO_3^{2-}$ 数量,同时也影响着浆体的稠度和凝结时间。因此以垃圾焚烧飞灰掺量(垃圾焚烧飞灰质量占垃圾焚烧飞灰和矿渣总质量比)、水玻璃掺量(激发剂中 $Na_2O$ 质量占垃圾焚烧飞灰和矿渣总质量比)和水玻璃模数为试验变量,每个变量选取 3 个水平,其中垃圾焚烧飞灰掺量为 40%、50% 和 60%,水玻璃掺量为 3%、5% 和 7%,水玻璃模数为 1、1.1 和 1.2,通过控制变量法设置试验配合比,配合比信息见表 2-3。

表 2-3 碱激发垃圾焚烧飞灰基充填材料配合比

| 试件编号 | 垃圾焚烧飞灰掺量/% | 矿渣掺量/% | 水玻璃掺量/% | 水玻璃模数 | 水灰比 |
|---|---|---|---|---|---|
| a1 | 40 | 60 | 3 | 1 | 1.35 |
| a2 | 50 | 50 | 3 | 1 | 1.35 |
| a3 | 60 | 40 | 3 | 1 | 1.35 |
| b1 | 40 | 60 | 5 | 1 | 1.35 |
| b2 | 50 | 50 | 5 | 1 | 1.35 |
| b3 | 60 | 40 | 5 | 1 | 1.35 |
| c1 | 40 | 60 | 7 | 1 | 1.35 |
| c2 | 50 | 50 | 7 | 1 | 1.35 |
| c3 | 60 | 40 | 7 | 1 | 1.35 |
| d1 | 40 | 60 | 3 | 1.1 | 1.35 |
| d2 | 50 | 50 | 3 | 1.1 | 1.35 |
| d3 | 60 | 40 | 3 | 1.1 | 1.35 |
| e1 | 40 | 60 | 5 | 1.1 | 1.35 |

表 2-3(续)

| 试件编号 | 垃圾焚烧飞灰掺量/% | 矿渣掺量/% | 水玻璃掺量/% | 水玻璃模数 | 水灰比 |
|---|---|---|---|---|---|
| e2 | 50 | 50 | 5 | 1.1 | 1.35 |
| e3 | 60 | 40 | 5 | 1.1 | 1.35 |
| f1 | 40 | 60 | 7 | 1.1 | 1.35 |
| f2 | 50 | 50 | 7 | 1.1 | 1.35 |
| f3 | 60 | 40 | 7 | 1.1 | 1.35 |
| g1 | 40 | 60 | 3 | 1.2 | 1.35 |
| g2 | 50 | 50 | 3 | 1.2 | 1.35 |
| g3 | 60 | 40 | 3 | 1.2 | 1.35 |
| h1 | 40 | 60 | 5 | 1.2 | 1.35 |
| h2 | 50 | 50 | 5 | 1.2 | 1.35 |
| h3 | 60 | 40 | 5 | 1.2 | 1.35 |
| i1 | 40 | 60 | 7 | 1.2 | 1.35 |
| i2 | 50 | 50 | 7 | 1.2 | 1.35 |
| i3 | 60 | 40 | 7 | 1.2 | 1.35 |

#### 2.2.1.2 材料准备

试验开始前用孔口边长为 0.5 mm 的铁筛对垃圾焚烧飞灰进行筛分,去除未充分燃烧的大颗粒,将筛分后的垃圾焚烧飞灰收好备用。速溶硅酸钠和矿渣均存在颗粒聚团现象,在使用前应对两种材料进行揉搓,使颗粒分开,以便在搅拌过程中让材料更加充分地接触。为保证不同配合比下水灰比的一致性,须将垃圾焚烧飞灰和矿渣在 50 ℃鼓风干燥箱中烘干至恒重,避免生料中多余水分对测试指标的影响。

### 2.2.2 充填材料制备及养护

(1) 按照表 2-3 所列配合比称取垃圾焚烧飞灰和矿渣,将其倒入行星式搅拌机(型号:NJ-160B)搅拌锅中先行慢速搅拌 30 s,使两种胶凝材料混合均匀。

(2) 根据配合比需要分别称取片碱和速溶硅酸钠,烧杯中加水,先将速溶硅酸钠倒入水中并慢速搅拌,待粉体全部分散开后倒入片碱,迅速搅拌至片碱充分溶解,避免片碱附着在烧杯底部或侧壁。溶液制备完成后用保鲜膜封住烧杯静置，使溶液内部达到热力平衡。

（3）将配置好的激发剂溶液倒入搅拌锅中并启动水泥净浆搅拌机，先慢速搅拌 2 min，关闭搅拌机静置 30 s，静置过程中用小木棍搅动锅底，将附着在搅拌锅底部的材料搅起，手动弥补搅拌死角，然后快速搅拌 2 min，制得新鲜浆体。

（4）取出一部分新鲜浆体进行流动度、流动度损失、凝结时间、流变性能等一系列测试，将剩余浆体倒入模具中，根据美国材料与试验协会（ASTM）和国际岩石力学学会（ISRM）的建议，试验选用高径比为 2∶1 的 $\phi$50 mm×100 mm 圆柱模具进行材料浇筑，浇筑完成后将模具放在振动台（型号：Z-56）上充分振捣，使浆体更加密实。振捣结束后将模具放入恒温恒湿标准养护箱（型号：YH-60b）中进行养护，养护温度为 20 ℃、湿度为 95% 以上，试件养护 48 h 后脱模，继续养护至规定龄期。

浆体制备和试件成型过程如图 2-5 所示。

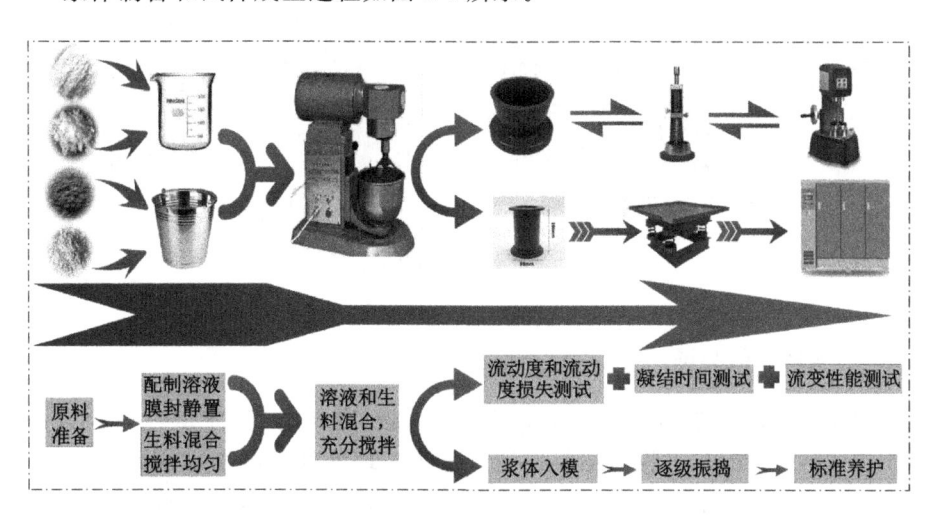

图 2-5　浆体制备和试件成型过程

## 2.3　测试方法及流程

### 2.3.1　流动度和流动度损失测试

新拌浆体流动度及流动度损失参考《混凝土外加剂匀质性试验方法》（GB/T 8077—2023）进行测定。将截锥圆模（上口口径 36 mm，下口口径 60 mm，高

60 mm)置于水平放置的光滑玻璃板上,把新鲜的净浆注入截锥圆模内,垂直向上提起模具并开始计时,使浆体自然流动 30 s,用直尺测量浆体相互垂直的两个直径,取直径平均值作为流动度,操作过程如图 2-6 所示。以同样的方法测量浆体在 5 min、10 min、15 min、20 min、25 min、30 min、35 min、40 min 和 45 min 时的流动度,计算浆体在经历一定时间后的流动度损失。

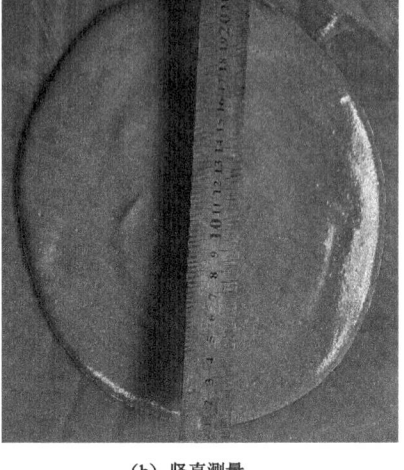

(a) 水平测量　　　　　　　　(b) 竖直测量

图 2-6　浆体流动性测试

### 2.3.2　凝结时间测试

凝结时间测试参考《水泥标准稠度用水量、凝结时间、安定性检验方法》(GB/T 1346—2011)。将新拌浆体注入已置于玻璃板上的维卡仪配套圆模中(圆模小口向上),用小刀插捣,轻轻振动后刮去多余净浆,将针形附件与浆体表面接触,拧紧螺丝 1～2 s 后放松并开始计时,观察试针自松开时起 30 s 后的读数。当试针沉至距底板(4±1) mm 即停止下沉时所经历的时间,记为垃圾焚烧飞灰基充填材料的初凝时间。初凝时间测试结束后将圆模翻转 180°,使其大口朝上,将浆体放入养护箱中养护,临近终凝时间时取出测试。将维卡仪针形附件更换为圆形附件,按照初凝时间测试方式下落试针并计时,当试针沉入深度为 0.5 mm 以下或在浆体表面不能留下痕迹时记为测试终凝时间。凝结时间测定如图 2-7 所示。

图 2-7 凝结时间测定

### 2.3.3 流变性能测试

使用高精度旋转流变仪(型号:美国 HAAKE Viscotester iQ)测试新拌浆体的流变性能。在试验开始前 30 min 打开空气压缩机和过滤器,保证气流稳定。设置测试温度为 20 ℃,选用同轴圆筒作为夹具。为消除测试前由于剪切历史不同而造成的影响,在测试前使用 30 $s^{-1}$ 的速率对浆体进行预剪切,预剪切结束后静置 30 s 进行正式剪切试验。测试时以剪切速率为变量进行控制。

### 2.3.4 抗压强度测试

试件的无侧限抗压强度测试参考《工程岩体试验方法标准》(GB/T 50266—2013)进行。将养护完成的圆柱试件两端打磨平整,放置在微机控制电子式万能试验机(型号:时代试金 WDW-100E)上,用位移加载的方式加载,加载速率为 0.5 mm/min，取 3 个相同试件抗压强度平均值作为该配合比下最终抗压强度。试件单轴抗压强度测试如图 2-8 所示。

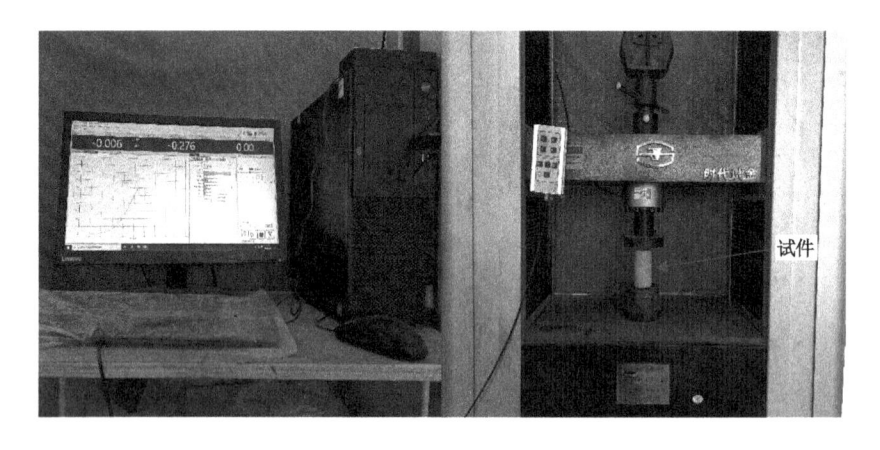

图 2-8 试件单轴抗压强度测试

### 2.3.5　X 射线衍射测试

采用 XRD(型号：日本理学 Rigaku Ultima Ⅳ)对材料进行物相分析。抗压强度测试结束后从破碎试件中心处取样，将样品放入玻璃研钵中捣碎研磨至粒径为 30~75 μm 后可进行测试。样品不宜研磨过细，避免破坏其原有分子结构。设置仪器的测试角度为常规广角 10°~80°，测试速率为 2°/min。

### 2.3.6　傅里叶变换红外吸收光谱测试

采用傅里叶变换红外吸收光谱仪 FTIR(型号：美国赛默飞世尔 Thermo Scientific Nicolet iS10)对材料的分子结构及化学键进行分析。抗压强度测试结束后从破碎试件中心处取样并放入玻璃研钵中捣碎研磨，将研磨后的粉体过 200 目铁筛，取筛分后的样品进行制样测试。仪器扫描范围为 500~4 000 $cm^{-1}$，分辨率设置为 1 $cm^{-1}$。

### 2.3.7　重金属浸出浓度测试

为真实模拟材料充入地下后所处的环境，本试验参照《固体废物 浸出毒性浸出方法 醋酸缓冲溶液法》(HJ/T 300—2007)测定垃圾焚烧飞灰生料和充填体材料的重金属浸出浓度。将 pH 值为 2.64 的醋酸溶液与所需测定的样品按照 20∶1 的比例混合，在 25 ℃条件下以 30 r/min 的速度连续翻转 18 h，将浸出液用 0.45 μm 滤膜过滤,用电感耦合等离子体质谱仪(ICP-MS)(型号:日本 Agilent 7900)测定滤液中的重金属浓度。

### 2.3.8 扫描电子显微镜-能谱测试

通过 SEM(型号:美国 Quanta TM250)观察样品的微观形貌。如图 2-9(a)所示,从破碎试件中心处取样并将样品放入无水乙醇中终止反应。测试时将样品取出,擦干表面无水乙醇,将样品放入 45 ℃真空干燥箱中烘干。如图 2-9(b)所示,为保证成像清晰度,对样品进行喷金处理,增加电子反射率。样品进入观察仓后先抽真空再进行倍数调整。用 EDS(型号:英国 Oxford IE300X)对电子显微镜观察到的区域进行打点识别,分析区域内元素组成。

(a) 样品终止水化　　　　　　(b) 样品喷金处理

图 2-9　样品的预处理

## 2.4　凝结时间及流动度分析

### 2.4.1　凝结时间分析

矿山采空区用注浆材料的凝结时间是评价材料工作性能的重要指标。常规注浆充填工程对浆体的凝结时间有着较高的要求,凝结时间的范围也是决定施工进度和施工质量的重要因素。凝结时间过短会导致浆料无法正常浇筑,施工过程中容易发生堵管的现象,还会使工程节奏过快,浆体在二级搅拌中部分凝结导致一部分材料挂在搅拌器内壁而无法正常使用。凝结时间过长则会延长施工周期,延误施工进度,增加施工成本。注浆充填项目在注浆时不是一次性将采空区注满,而是有计划地分多次、多层进行浇筑,需要等待上一次注进去的浆体初步凝结后才能进行下一次注浆,否则会影响下部充填材料的凝结硬化。因此,合理的凝结时间是保证施工周期和施工质量的前提。

本试验中各配合比的初凝时间和终凝时间如图 2-10 所示。由图中数据可知,浆体的初凝时间和终凝时间相差 1.23~4.67 h 不等。随着垃圾焚烧飞灰用量的增加,浆体的初凝时间和终凝时间均呈上升趋势,而随着水玻璃掺量和水玻璃模数的增加,浆体凝结时间呈下降趋势。通过对比试件 h1、h2、h3 可以看出,垃圾焚烧飞灰掺量由 40% 上升至 50% 时,初凝时间上升 8.31%、终凝时间上升 4.88%,垃圾焚烧飞灰掺量由 50% 上升至 60% 时,初凝时间上升 9.92%、终凝时间上升 12.63%。

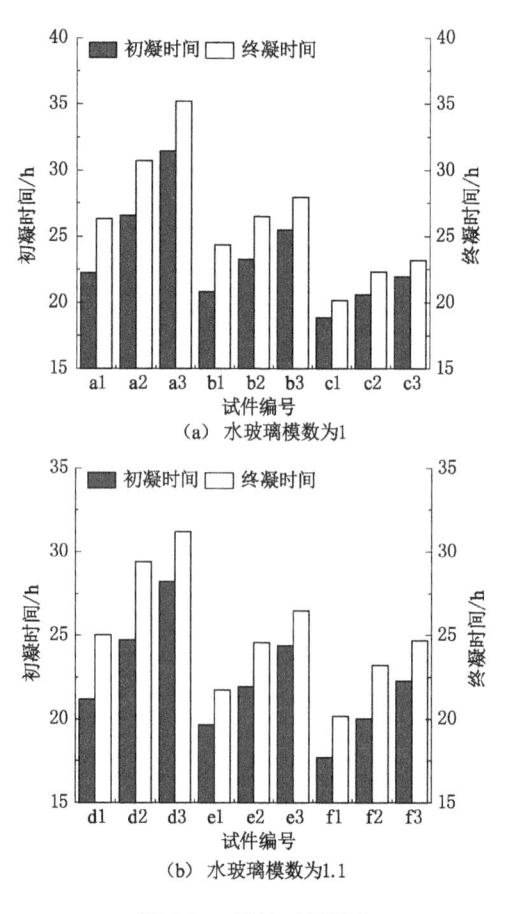

(a) 水玻璃模数为1

(b) 水玻璃模数为1.1

图 2-10 凝结时间测定

(c) 水玻璃模数为1.2

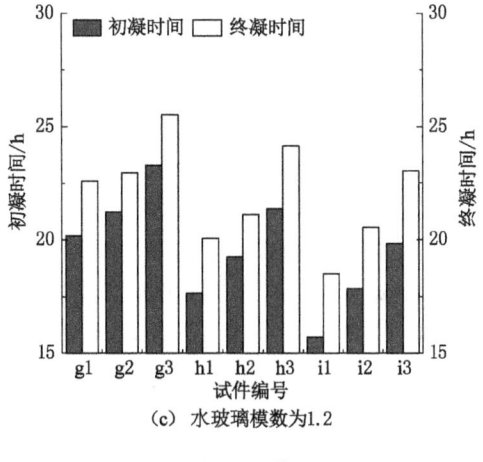

图 2-10(续)

通过比较试件 g2、h2、i2 可以看出,水玻璃掺量由 3% 提高至 5% 时,初凝时间和终凝时间分别降低 10.29% 和 8.91%,掺量由 5% 提高至 7% 时,初凝时间和终凝时间分别降低 7.84% 和 2.68%。水玻璃模数对凝结时间的影响则可通过比较试件 b2、e2、h2 进行初步判定,当水玻璃模数由 1 上升至 1.1 时,凝结时间分别降低 6.07% 和 7.77%,模数由 1.1 上升至 1.2 时,凝结时间分别降低 13.87% 和 16.45%。对试验现象进行分析发现,垃圾焚烧飞灰在焚烧炉中停留的时间较短,煅烧不充分,且飞灰中成分复杂,结晶相物质较多,因此垃圾焚烧飞灰与矿渣相比,其化学活性偏低。当垃圾焚烧飞灰掺量增加时,浆体初始聚合反应速率和反应程度下降,一方面体系中的水分子因无法及时参与聚合反应而悬浮在原料颗粒中间,另一方面聚合反应进行缓慢导致体系中用于凝结硬化的聚合产物数量下降,这两种原因使得浆体长时间处于一种稀松的状态,没有足够的强度阻止维卡仪探针下降,凝结时间延长。水玻璃掺量增加时,混合体系在短时间内便可进行一系列解聚和聚合反应,随即产生一系列诸如钙矾石、C—S—H、C—A—S—H 的聚合产物,这些产物提高了原料颗粒之间的黏结效果,使浆体在短时间内拥有可观的强度。水玻璃模数的提高为浆体带来了更多的活性 $SiO_3^{2-}$,这为早期聚合反应提供了更多的组分,聚合过程对由 $OH^-$ 解聚而来的 $SiO_3^{2-}$ 依赖性较小,使得聚合反应速率大大提升,表现在宏观性能上即凝结时间的缩短。

### 2.4.2 流动度分析

新拌浆体初始流动度测试结果如图 2-11 所示,作为矿山采空区注浆充填材料,在保证力学性能的前提下,浆体流动性越大越有利于管道输送。其流动度大于 200 mm 时可实现浆体的自流充填[143-145],从图中数据可以看出,除 i1 试件外其余各试件初始流动度均满足自流式注浆充填要求。垃圾焚烧飞灰掺量和水玻璃掺量对流动度均有一定程度的影响,随着垃圾焚烧飞灰掺量的增加,浆体初始流动度不断增加。以水玻璃模数为 1.1 时为例进行比较,由表 2-4 可知:d2 较 d1 提高 2.12%,d3 较 d2 提高 4.15%,d3 较 d1 提高 6.36%;e2 较 e1 提高 2.67%,e3 较 e2 提高 3.90%,e3 较 e1 提高 6.67%;f2 较 f1 提高 3.94%,f3 较 f2 提高 7.11%,f3 较 f1 提高 11.33%。随着水玻璃掺量的增加,浆体初始流动度不断下降,其中 e1 较 d1 降低 4.66%,e2 较 d2 降低 4.15%,e3 较 d3 降低 4.38%;f1 较 e1 降低 9.78%,f2 较 e2 降低 8.66%,f3 较 e3 降低 5.83%;f1 较 d1 降低 13.98%,f2 较 d2 降低 12.45%,f3 较 d3 降低 9.96%。

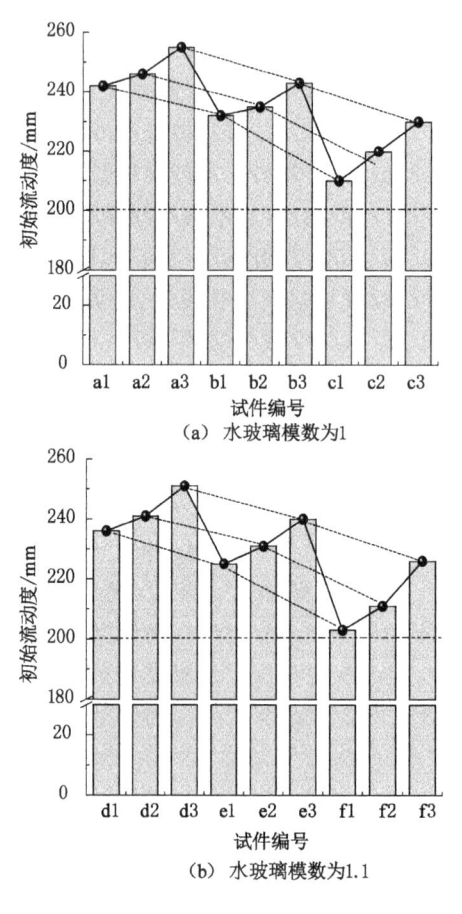

图 2-11 新拌浆体初始流动度测试结果

(c) 水玻璃模数为1.2

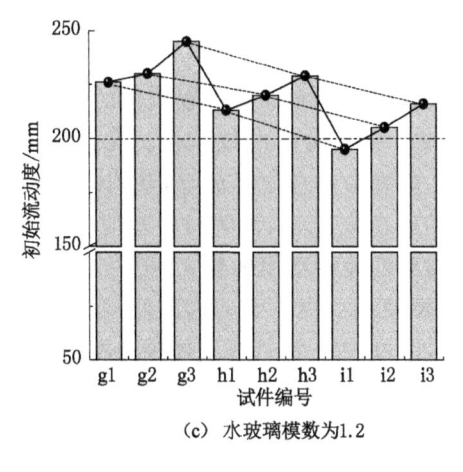

图 2-11(续)

表 2-4　配合比间初始流动度比较　　　　　　　　　　　　　单位:%

| 试件编号 | d1 | d2 | d3 | e1 | e2 | e3 | f1 | f2 | f3 |
|---|---|---|---|---|---|---|---|---|---|
| d1 | 0.00 | −2.07 | −5.98 | 4.89 | 2.16 | −1.67 | 16.26 | 11.85 | 4.42 |
| d2 | 2.12 | 0.00 | −3.98 | 7.11 | 4.33 | 0.42 | 18.72 | 14.22 | 6.64 |
| d3 | 6.36 | 4.15 | 0.00 | 11.56 | 8.66 | 4.58 | 23.65 | 18.96 | 11.06 |
| e1 | −4.66 | −6.64 | −10.36 | 0.00 | −2.60 | −6.25 | 10.84 | 6.64 | −0.44 |
| e2 | −2.12 | −4.15 | −7.97 | 2.67 | 0.00 | −3.75 | 13.79 | 9.48 | 2.21 |
| e3 | 1.69 | −0.41 | −4.38 | 6.67 | 3.90 | 0.00 | 18.23 | 13.74 | 6.19 |
| f1 | −13.98 | −15.77 | −19.12 | −9.78 | −12.12 | −15.42 | 0.00 | −3.79 | −10.18 |
| f2 | −10.59 | −12.45 | −15.94 | −6.22 | −8.66 | −12.08 | 3.94 | 0.00 | −6.64 |
| f3 | −4.24 | −6.22 | −9.96 | 0.44 | −2.16 | −5.83 | 11.33 | 7.11 | 0.00 |

分析认为,垃圾焚烧飞灰颗粒粒径较大,单一颗粒比表面积更小,同等质量情况下垃圾焚烧飞灰颗粒表面吸附的水更少。因此,当垃圾焚烧飞灰掺量增加时,颗粒表面捕获的水减少,浆体内部有更多的水处于流动状态,浆体可获得更好的流动性。水玻璃具有增黏增稠的效果,在工程中常被当作黏结剂,用来黏结砂土、黏土或陶瓷玻璃等。当水玻璃掺量增加时,浆体趋于黏稠,原料颗粒黏结效果增强,颗粒间相对运动减少,浆体流动度降低。水玻璃模数增加时,激发剂自身黏度增加,使得浆体初始流动度减小。此外,水玻璃模数增加使得体系中 $SiO_3^{2-}$ 增加,加快了初始反应速率,聚合产物的增加也使得浆体初始流动度在一定程度上减小。

### 2.4.3 流动度损失分析

新拌浆体的流动度损失是材料面向工程应用的一项重要指标,流动度损失可衡量材料在搅拌完成后浇筑时间的持续性。在搅拌完成后,随着水分的蒸发、水化反应的进行、生料颗粒的分层沉淀等,浆体的流动度会出现不同程度的损失。如果材料的流动度损失较小,说明材料短时间内不易凝固,具有良好的可浇筑性;反之,如果材料的流动度损失较大,则说明材料不具备连续浇筑的能力,在充填工作中应谨慎使用。以 5 min 为时间间隔,测试浆体在搅拌完成后至 45 min 时的流动度,通过式(2-2)计算浆体流动度的损失率。

$$A = 1 - \frac{f_0 - f_t}{f_0} \tag{2-2}$$

式中 $A$——浆体流动度损失,%;

　　　$f_0$——初始流动度,mm;

　　　$f_t$——$t$ 时刻流动度,mm。

图 2-12 所示为浆体在不同时间段的流动度,由图可以看出,浆体在经历一定时间的输送后其自身流动度分布趋势同新拌制完成后的流动度分布趋势相似。不同配合比在特定时刻的流动度均随垃圾焚烧飞灰掺量的增加而增加,随水玻璃掺量的增加而降低。随着时间的推移,不同配合比流动度逐渐下降,但是下降幅度根据所处时间段的不同而有所变化。浆体流动度的损失率应以流动度损失进行表征。

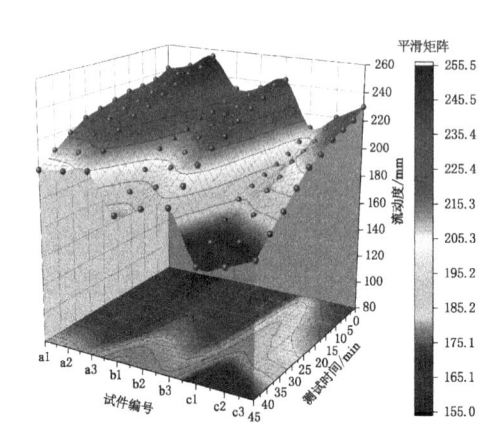

(a) 水玻璃模数为1

图 2-12 浆体在不同时间段的流动度

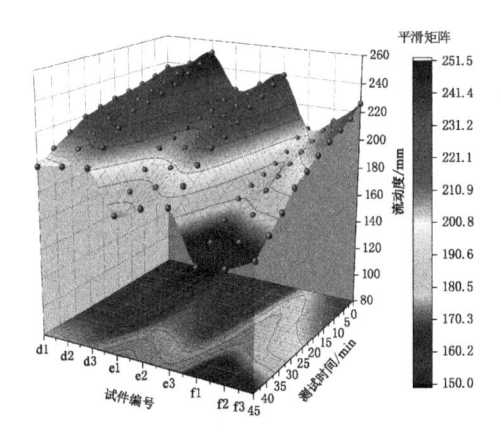

(b) 水玻璃模数为1.1

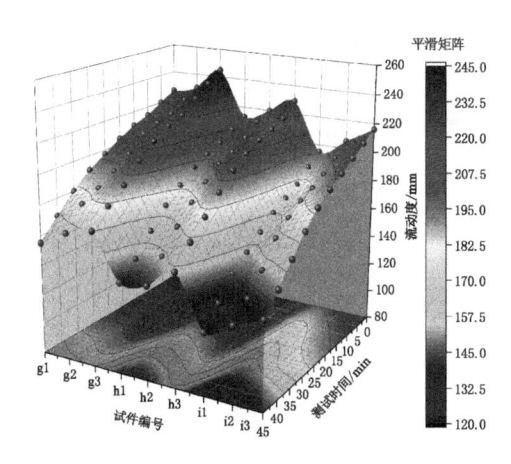

(c) 水玻璃模数为1.2

图 2-12(续)

浆体在 0～45 min 内的流动度损失如图 2-13 所示,由图可知,浆体在搅拌完成的 0～30 min 内其流动度损失比较平缓,在搅拌完成 30 min 后流动度损失开始发生明显增加,流动度急剧下降。以水玻璃模数为 1.1 时各配合比为例,浆体的流动度损失整体呈平滑上升的趋势。d1、d2、d3、e1、e2、e3、f1、f2、f3 在 5～45 min 时刻的平均流动度损失分别为 1.98%、3.88%、5.39%、7.04%、8.64%、10.21%、14.08%、17.95%、22.06%,其流动度损失增长率分别为 1.98%、1.91%、1.50%、1.65%、1.61%、1.57%、3.87%、3.87%、4.11%,在 30 min 后,流动度损失增长率明显加快。分析认为,在浆体搅拌完成初期,体系聚合反应进行缓慢,体系内并未生成太多产物,浆体一直处于一种极为松散的状态,浆体流动性下降不明显。在浆体搅拌完成 30 min 后,聚合反应速率在短期内达到一个小高峰,聚合产物不断生成,加上反应放热造成的水分蒸发使得浆体迅速凝结硬化,流动度损失加快。由上述分析可以看出,浆体在搅拌完成的 30 min 内其性质比较稳定,适合现场浇筑,当搅拌完成时间超过 30 min 时浆体流动度变化增大,性质趋于不稳定,其在管道中的流动能力大幅下降,不再适合连续浇筑。

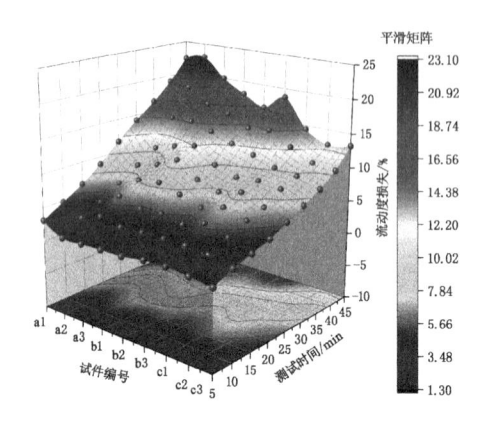

(a) 水玻璃模数为1

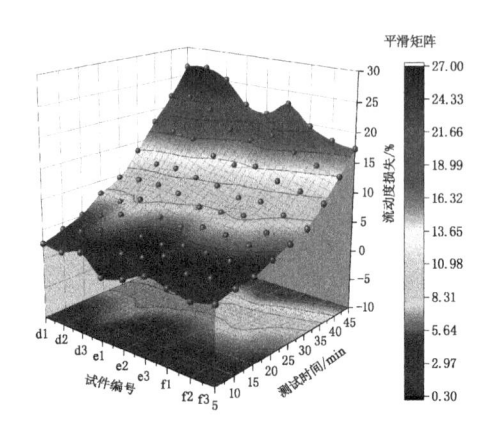

(b) 水玻璃模数为1.1

图 2-13 浆体的流动度损失

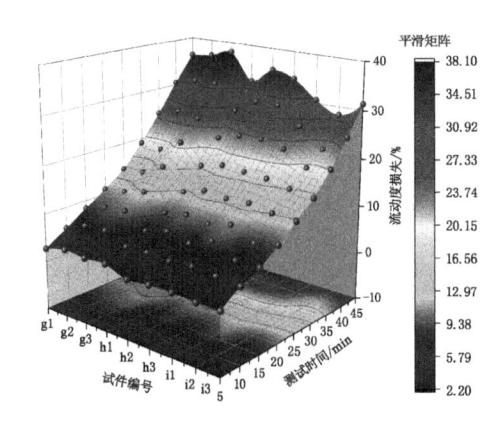

(c) 水玻璃模数为1.2

图 2-13(续)

## 2.5 浆体流变性能测试

  矿山采空区充填用灌浆材料是一种典型的高附加值材料,具有初始流动性好、凝结时间长、短时间内流动度损失低等特点。垃圾焚烧飞灰基矿山采空区充填注浆材料属于复杂的多相悬浮体系,浆体流动过程中因剪切应力作用产生的速率梯度受到其内部物理结构变化的影响,反过来,内部的物理结构又会因剪切应力作用而引起变化。因此,垃圾焚烧飞灰基注浆材料的流变性能呈现出复杂多样性。由于具有较高的固相含量,浆体中飞灰颗粒、矿渣颗粒和水紧密结合形成网状结构,对垃圾焚烧飞灰基充填材料的流变行为进行研究,探索垃圾焚烧飞灰掺量和复合水玻璃掺量对浆体流变行为的影响,对于掌握充填体的施工性能具有重要意义。本试验所制备的各类浆体均表现出显著的非牛顿流体特性。注浆材料的非牛顿流体特性通常具有以下特点。

  (1) 非单相性,即需要用多个参数相互配合才能准确表示出浆体的流变特性;

  (2) 非单值性,即浆体的黏度根据剪切应力的变化而变化;

  (3) 非可逆性,即黏度与剪切应力作用的持续时间有关,表现出一定程度的触变性。

  取 25 min 作为注浆过程中浆体流动的平均时间,测试该时刻浆体的流变性能。试验测得的部分浆体剪切速率与剪切应力之间的关系如图 2-14 所示（其余配合比拟合形式相同，故不做展示），采用赫谢尔-巴尔克莱（Herchel-Bulkley，简称 H-B）模型对数据进行拟合，其表达式为：

$$\tau = \tau_0 + K\gamma^n \tag{2-3}$$

式中　$\tau$——剪切应力，MPa；

　　　$\tau_0$——屈服应力，MPa；

　　　$K$——稠度系数；

　　　$\gamma$——剪切速率，$s^{-1}$；

　　　$n$——流变特性指数。

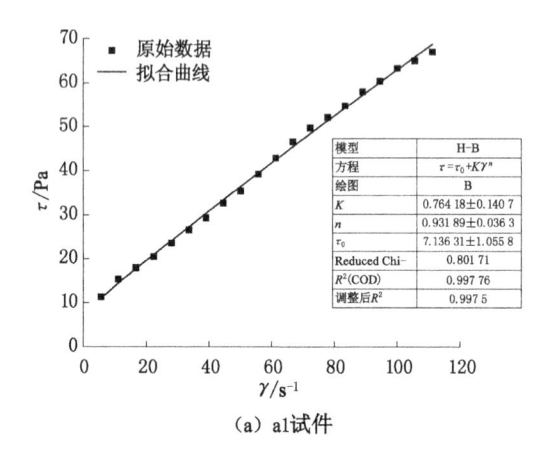

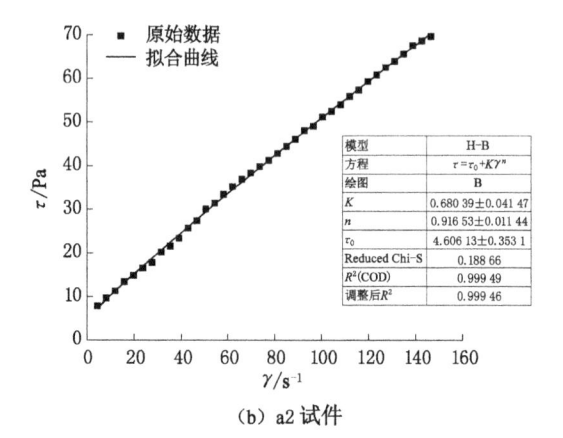

图 2-14　浆体的流变性能测试及拟合结果

(c) a3试件

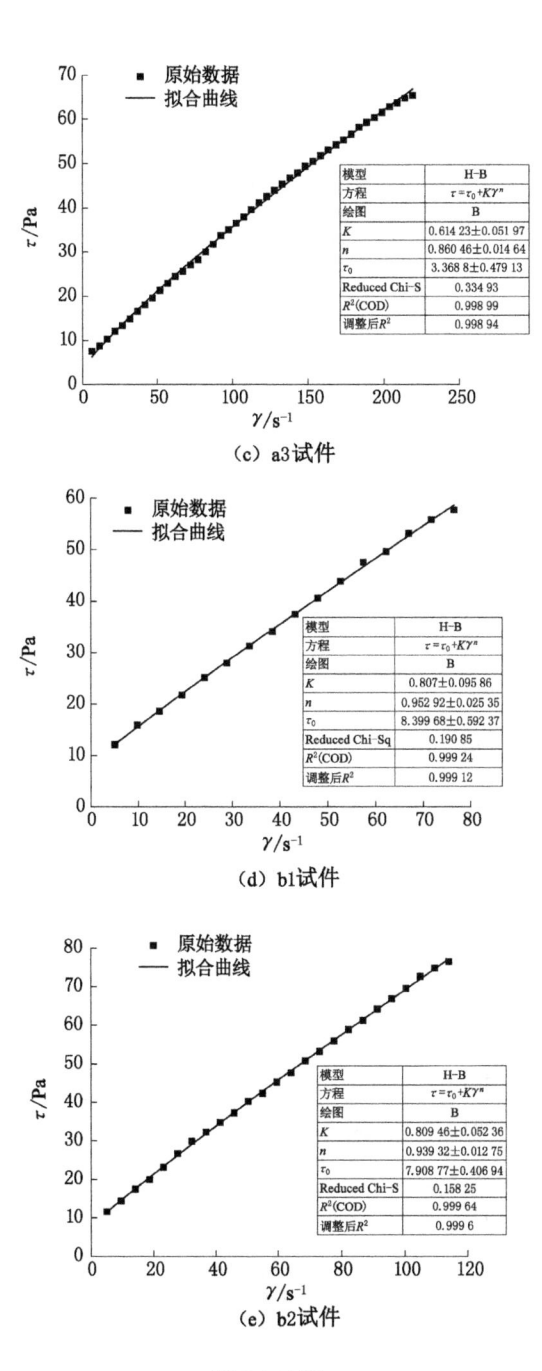

(d) b1试件

(e) b2试件

图 2-14(续)

(f) b3试件

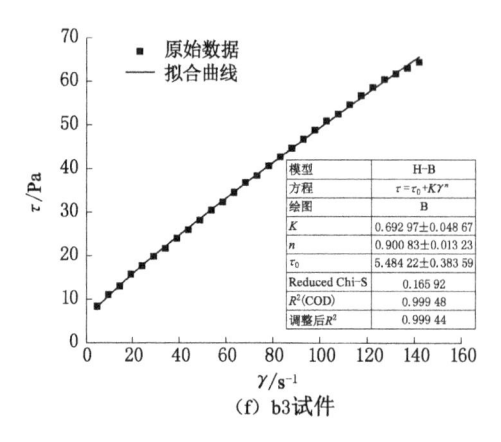

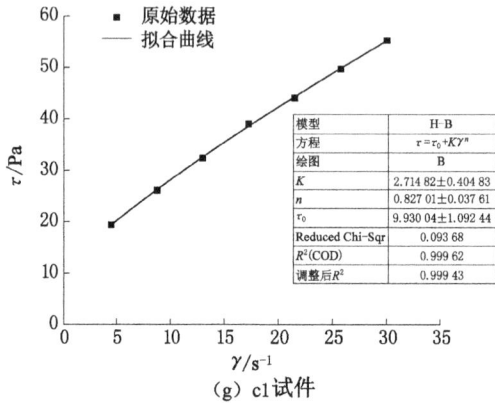

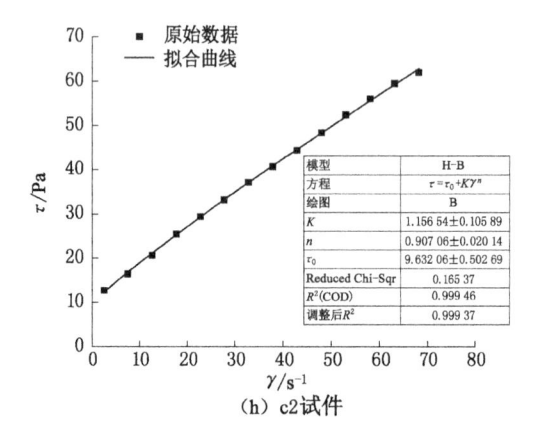

(g) c1试件

(h) c2试件

图 2-14(续)

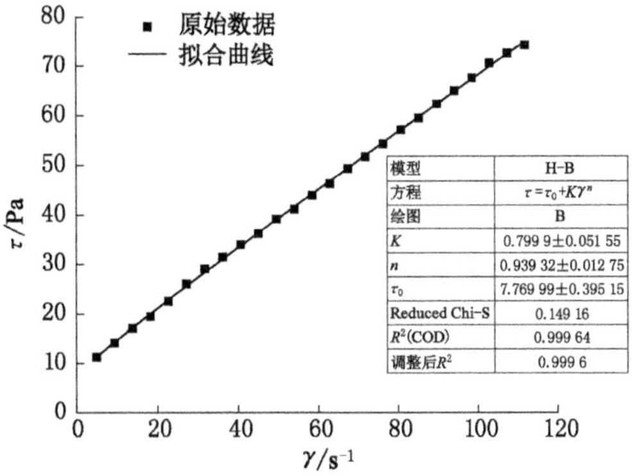


(i) c3试件

图 2-14(续)

当 $n=1$,$\tau_0\neq0$ 时,浆体为宾汉流体;当 $n=1$,$\tau_0=0$ 时,浆体为牛顿流体;当 $n<1$ 时,浆体呈现剪切变稀特性;当 $n>1$ 时,浆体呈现剪切增稠特性。$n$ 值与 1 偏离越远,表明其剪切变稀/增稠特性越明显。浆体流变参数列于表 2-5 中。

**表 2-5 浆体流变参数**

| 试件编号 | $\tau_0$/Pa | $K$/(Pa·s) | $n$ | 拟合方程 | $R^2$ |
|---|---|---|---|---|---|
| a1 | 7.136 | 0.764 | 0.932 | $\tau=7.136+0.764\gamma^{0.932}$ | 0.997 8 |
| a2 | 4.606 | 0.680 | 0.917 | $\tau=4.606+0.680\gamma^{0.917}$ | 0.999 5 |
| a3 | 3.369 | 0.614 | 0.860 | $\tau=3.369+0.614\gamma^{0.860}$ | 0.999 0 |
| b1 | 8.400 | 0.807 | 0.953 | $\tau=8.400+0.807\gamma^{0.953}$ | 0.999 2 |
| b2 | 7.909 | 0.809 | 0.939 | $\tau=7.909+0.809\gamma^{0.939}$ | 0.999 6 |
| b3 | 5.484 | 0.693 | 0.901 | $\tau=5.484+0.693\gamma^{0.901}$ | 0.999 5 |
| c1 | 9.930 | 2.715 | 0.827 | $\tau=9.930+2.715\gamma^{0.827}$ | 0.999 6 |
| c2 | 9.632 | 1.157 | 0.907 | $\tau=9.632+1.157\gamma^{0.907}$ | 0.999 5 |
| c3 | 7.770 | 0.800 | 0.939 | $\tau=7.770+0.800\gamma^{0.939}$ | 0.999 6 |
| d1 | 7.226 | 0.848 | 0.920 | $\tau=7.226+0.848\gamma^{0.920}$ | 0.998 5 |
| d2 | 4.776 | 0.745 | 0.908 | $\tau=4.776+0.745\gamma^{0.908}$ | 0.999 4 |
| d3 | 3.606 | 0.650 | 0.859 | $\tau=3.606+0.650\gamma^{0.859}$ | 0.999 1 |

表 2-5(续)

| 试件编号 | $\tau_0$/Pa | $K$/(Pa·s) | $n$ | 拟合方程 | $R^2$ |
|---|---|---|---|---|---|
| e1 | 8.532 | 0.950 | 0.926 | $\tau=8.532+0.950\gamma^{0.926}$ | 0.999 2 |
| e2 | 8.299 | 0.853 | 0.939 | $\tau=8.299+0.853\gamma^{0.939}$ | 0.999 5 |
| e3 | 5.659 | 0.723 | 0.903 | $\tau=5.659+0.723\gamma^{0.903}$ | 0.999 4 |
| f1 | 11.149 | 2.759 | 0.833 | $\tau=11.149+2.759\gamma^{0.833}$ | 0.999 5 |
| f2 | 10.341 | 1.207 | 0.908 | $\tau=10.341+1.207\gamma^{0.908}$ | 0.999 5 |
| f3 | 8.314 | 0.838 | 0.940 | $\tau=8.314+0.838\gamma^{0.940}$ | 0.999 6 |
| g1 | 7.449 | 0.954 | 0.907 | $\tau=7.449+0.954\gamma^{0.907}$ | 0.999 1 |
| g2 | 5.151 | 0.779 | 0.909 | $\tau=5.151+0.779\gamma^{0.909}$ | 0.999 4 |
| g3 | 4.011 | 0.660 | 0.865 | $\tau=4.011+0.660\gamma^{0.865}$ | 0.999 3 |
| h1 | 9.027 | 1.011 | 0.923 | $\tau=9.027+1.011\gamma^{0.923}$ | 0.999 2 |
| h2 | 8.575 | 0.951 | 0.926 | $\tau=8.575+0.951\gamma^{0.926}$ | 0.999 4 |
| h3 | 6.073 | 0.756 | 0.903 | $\tau=6.073+0.756\gamma^{0.903}$ | 0.999 4 |
| i1 | 11.739 | 2.913 | 0.830 | $\tau=11.739+2.913\gamma^{0.830}$ | 0.999 7 |
| i2 | 11.096 | 1.259 | 0.910 | $\tau=11.096+1.259\gamma^{0.910}$ | 0.999 5 |
| i3 | 8.892 | 0.878 | 0.940 | $\tau=8.892+0.878\gamma^{0.940}$ | 0.999 6 |

由流变性能测试结果可以看出,随着剪切速率的增加,高速旋转流变仪检测到的剪切应力增速放缓,流变特性指数均小于1,浆体呈现明显的剪切变稀特性。随着垃圾焚烧飞灰用量增加,浆体屈服应力和塑性黏度均呈下降趋势。以水玻璃掺量为7%为例,对于屈服应力和塑性黏度,垃圾焚烧飞灰掺量为60%的浆体较垃圾焚烧飞灰掺量为50%的浆体分别降低12.79%和30.25%,较垃圾焚烧飞灰掺量为40%的浆体分别降低15.41%和70.28%,垃圾焚烧飞灰掺量为50%的浆体较飞灰掺量为40%的浆体分别降低3.00%和57.38%。而随着水玻璃掺量的增加,浆体的屈服应力和塑性黏度不断上升。以垃圾焚烧飞灰掺量为50%为例,水玻璃掺量为7%的浆体较水玻璃掺量为5%的浆体在屈服应力和塑性黏度上分别提高23.96%和44.63%,较水玻璃掺量为3%的浆体分别提高109.12%和70.15%,水玻璃掺量为5%的浆体较水玻璃掺量为3%的浆体在屈服应力和塑性黏度上分别提高68.69%和17.65%。分析上述测试结果的成因,垃圾焚烧飞灰颗粒较大,垃圾焚烧飞灰掺量增加时,浆体变稀,这使得

浆体屈服应力下降；垃圾焚烧飞灰自身化学活性较矿渣差，当掺量增加时会减缓初期聚合反应速率，缺少了凝胶产物和晶体产物的连接，材料颗粒间变得松散，因此浆体的塑性黏度随之下降。当水玻璃掺量增加时，浆体在水玻璃的直接作用下变得黏稠，此外，水玻璃还通过加速初期聚合反应速率进一步增加了浆体的整体性。因此，随着水玻璃掺量的增加，浆体的屈服应力和塑性黏度均呈现上升趋势。通过以上分析可知，垃圾焚烧飞灰掺量的降低和水玻璃掺量的增加使得驱动浆体开始流动和维持浆体持续流动所需的能量增大，控制垃圾焚烧飞灰掺量和水玻璃掺量对于延长浆体的可连续浇筑时间具有重要的作用。

## 2.6 抗压强度测试及分析

充填体凝结硬化后的抗压强度是确定其工程应用可行性的核心指标之一。为了保证工程质量及后期工程建设，同时为保证充填体与周围岩体和土体的协调性，结合施工经验，充填体抗压强度在 $2.2\sim2.8$ MPa 之间最适宜。对不同配合比制备的试件进行 3 d、7 d 和 28 d 抗压强度测试，测试结果如图 2-15 所示。通过图中数据可以看出，在碱性激发剂和矿渣的作用下，垃圾焚烧飞灰基充填材料在凝结硬化早期便具有较高的强度。由图 2-15 可以看出，各试件抗压强度随垃圾焚烧飞灰掺量和水玻璃掺量变化而表现出来的变化趋势在不同水玻璃模数下均相同，即试件无侧限抗压强度随垃圾焚烧飞灰掺量的增加而降低，随水玻璃掺量的增加而提高。垃圾焚烧飞灰用量和水玻璃掺量对试件抗压强度的影响机理同二者对浆体凝结时间的作用机理类似。垃圾焚烧飞灰自身化学活性较低，当垃圾焚烧飞灰掺量增加时体系聚合反应程度下降，垃圾焚烧飞灰颗粒难以被有效激发，因此垃圾焚烧飞灰掺量增多时抗压强度下降。水玻璃模数增加提高了材料的早期强度，水玻璃模数为 1、1.1 和 1.2 时，3 d 平均抗压强度分别占 28 d 平均抗压强度的 32.52%、40.89% 和 66.50%，7 d 平均抗压强度则分别达到 28 d 平均抗压强度的 55.47%、66.91% 和 70.24%，3 d 和 7 d 平均抗压强度在 28 d 平均强度中的占比均随水玻璃模数的增加而提高。对于 28 d 抗压强度，3 种水玻璃模数下的平均值分别为 2.47 MPa、2.69 MPa 和 2.89 MPa，数值相差较小，可见水玻璃模数对最终抗压强度有提升作用，但提升幅度较小。

图 2-16 为试件在抗压强度测试过程中出现的几种典型的破坏模式，如图 2-16(a)所示，当材料抗压强度较低时（<2 MPa），荷载施加过程中裂缝由试件中部开始出现并逐渐弥散开裂，直至试件失效。如图 2-16(b)所示，当材料抗

(a) 水玻璃模数为1

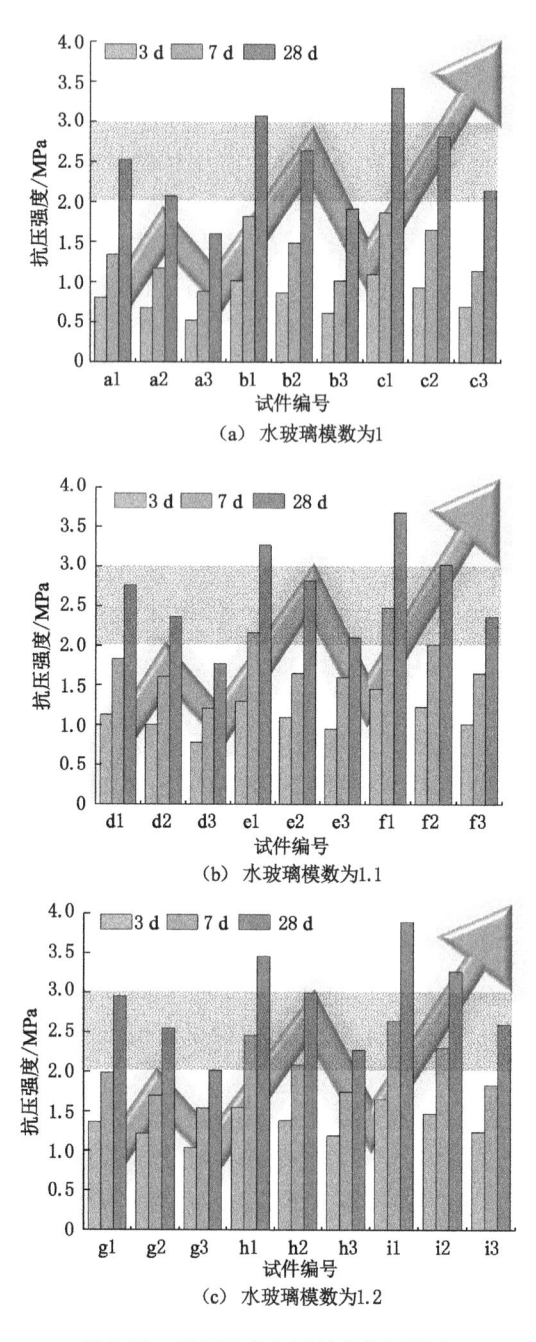

(b) 水玻璃模数为1.1

(c) 水玻璃模数为1.2

图 2-15 不同配合比试件的抗压强度

压强度适中时(2～3 MPa),试件呈现出以竖向大裂缝为主而周围小裂缝为辅的破坏状态。如图 2-16(c)所示,当材料抗压强度过大时(>3 MPa),试件的破坏过程短暂,在受压过程中荷载上升较快,达到峰值荷载时迅速破坏,试件中只有一条主裂缝且几乎在一瞬间产生,裂缝产生后试件随即卸载。通过抗压强度测试,初步选定 a1、b2、d1、d2、f3、g2、h3、i3 试件的配合比为充填材料潜在的应用配合比。

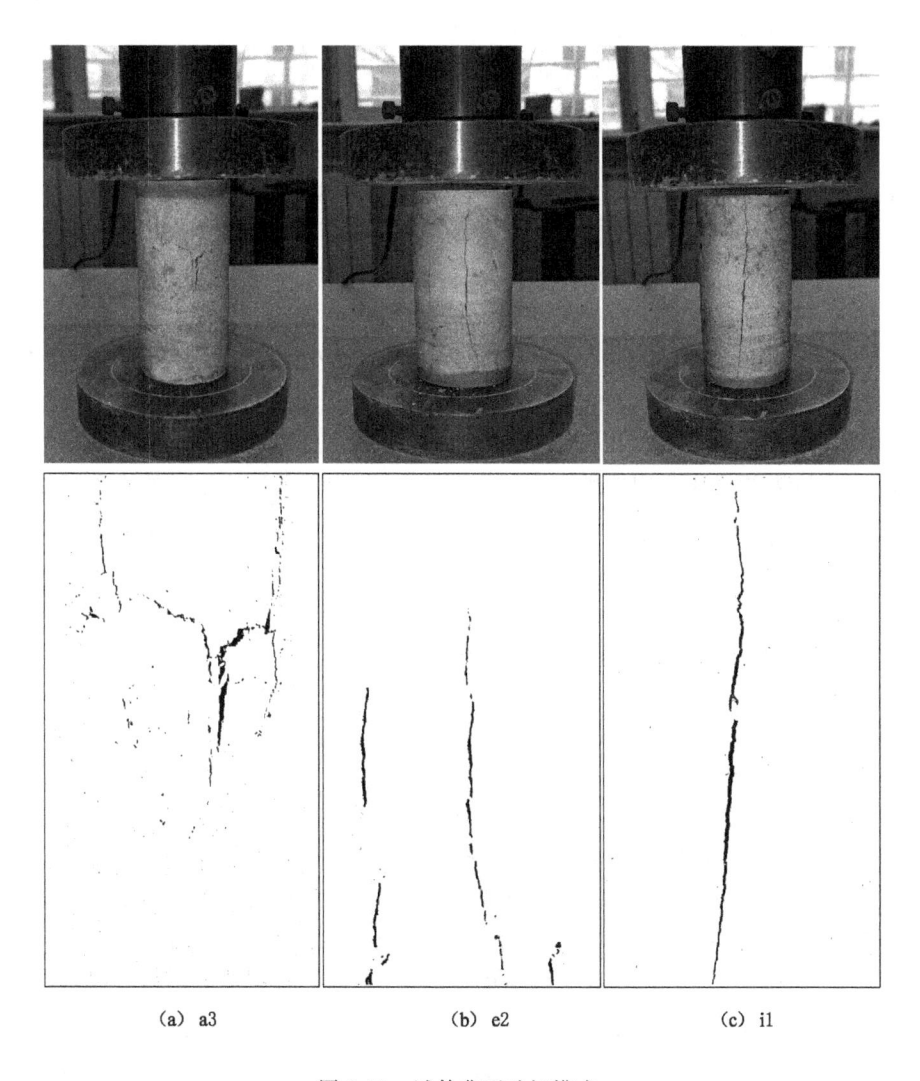

(a) a3　　　　　　　　(b) e2　　　　　　　　(c) i1

图 2-16　试件典型破坏模式

## 2.7 材料物相及分子结构分析

### 2.7.1 XRD 测试及分析

试验所用的原材料及抗压强度初筛优势配合比的 28 d XRD 图谱如图 2-17(a)所示,由图可知,垃圾焚烧飞灰主要由石英、赤铁矿、方解石等几种常见矿物组成,矿物结晶度较高,衍射峰明显。矿物结晶度较高时原子间连接紧密,化学键不容易被激发剂中的 $OH^-$ 裂解,因此垃圾焚烧飞灰化学活性较低。矿渣中晶体含量较少,其主要成分为 $SiO_2$、CaO 和 MgO 等构成的非晶相物质,这些物质自身排列不规则,无法产生集中衍射,因此曲线中没有明显的衍射峰。复合材料经聚合反应后其物相组成发生了明显变化,石英的衍射强度下降,取而代之的是位于 25°~35°处的包峰,结合相关文献的描述[54],推断包峰处为 C—S—H、C—A—S—H 或 N—A—S—H 凝胶。这说明 $SiO_2$ 在激发剂的作用下发生了Si—O 键的断裂,并与体系中的 $Ca^{2+}$ 和 $Al_2O_3$ 等反应生成了非晶相的聚合产物。试件 b2、d1、i3 在 20°~25°处出现额外包峰,这是聚合反应充分进行的表现,与抗压强度检测结果相吻合。不同样品在 30°左右均出现了明显的钙矾石衍射峰,这是垃圾焚烧飞灰中的硬石膏与矿渣中丰富的 $Ca^{2+}$ 反应生成的主要晶体产物[46],其反应过程见式(2-4)。此外,在 11°和 40°附近检测出水铝钙石($Ca_4Al_2O_6Cl_2 \cdot 10H_2O$),这是一种典型的弗雷德盐(Friedel's 盐),是垃圾焚烧飞灰中氯盐的去向之一,其生成过程见式(2-5),水铝钙石的存在可有效防止垃圾焚烧飞灰中可溶性盐的渗透。体系中多余的 $Ca^{2+}$ 被空气中的 $CO_2$ 碳化,因此,反应产物中存在一定量的方解石。

$$3Ca(OH)_2 + 3CaSO_4 + Al_2O_3 + 29H_2O \longrightarrow 3CaO \cdot Al_2O_3 \cdot 3CaSO_4 \cdot 32H_2O \tag{2-4}$$

$$3Ca(OH)_2 + CaCl_2 + Al_2O_3 + 7H_2O \longrightarrow Ca_4Al_2O_6Cl_2 \cdot 10H_2O \tag{2-5}$$

通过添加已知比例的高纯度 ZnO 对样品进行标定,采用内标法定量检测样品中反应产物的相对含量,通过晶体矿物的比例组成进一步推断复合胶凝材料在碱性激发剂作用下发生成分变化的过程,测试结果列于图 2-17(b)中。对比试件 i3 和 h3 可以看出,随着水玻璃掺量的增加,钙矾石和水铝钙石占比明显增加,而石英和方解石占比下降,这是因为水玻璃掺量增加有利于聚合反应的进行,更多 $SiO_2$ 参与生成了凝胶产物,这也合理解释了图 2-17(a)中 i3 和 h3 在 20°处出现额外包峰的现象。聚合反应的正向进行提高了 $Ca^{2+}$ 的利用率,因此体系中 $Ca(OH)_2$ 浓度下降,方解石生成量下降。试件 d2 中石英和方解石的相对含量较 d1 分别增加 31% 和 50%，这说明垃圾焚烧飞灰的化学活性较低，大量加入时不利于聚合反应的进行。

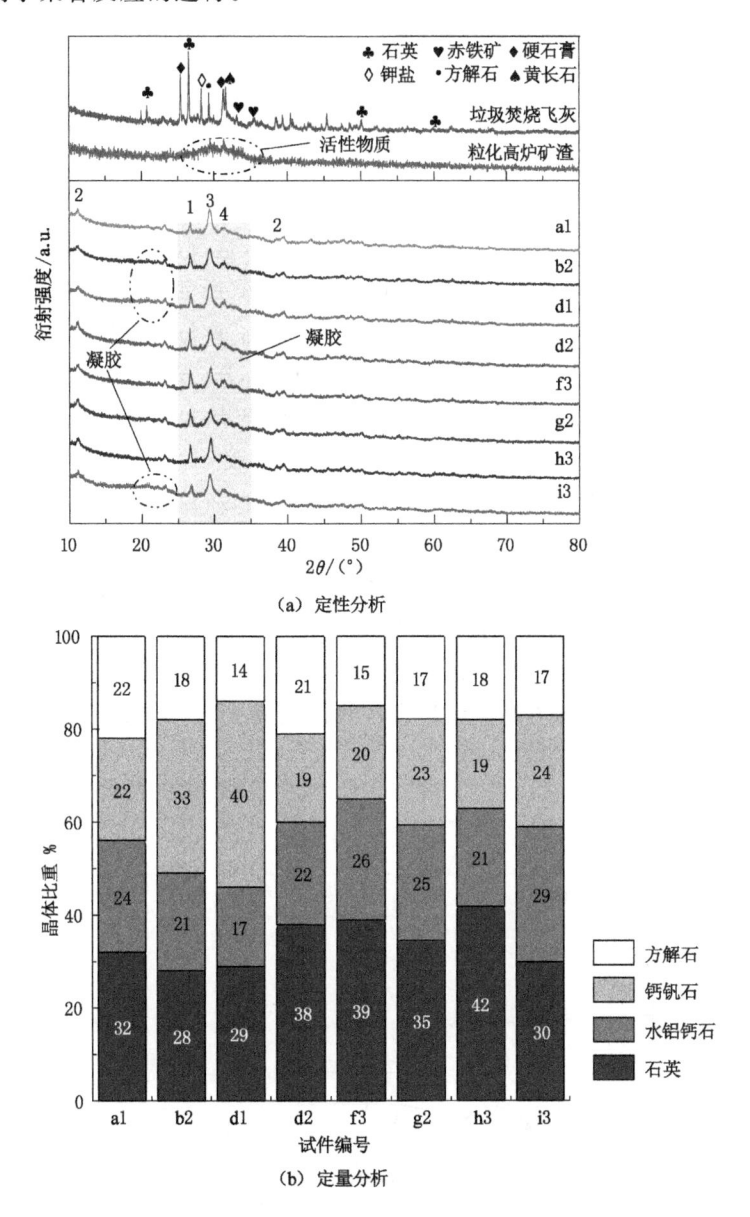

(a) 定性分析

(b) 定量分析

1—石英；2—水铝钙石；3—钙矾石；4—方解石。

图 2-17 材料的 XRD 测试

## 2.7.2 FTIR 测试及分析

图 2-18(a)为原材料及不同样品的 FTIR 图谱,图 2-18(b)展示了不同波数处对应的化学键类型及包含该化学键的潜在物质。除原材料外,各配合比在 510 $cm^{-1}$ 处出现 S—O 键的弯曲振动,这是由钙矾石晶体中 $SO_4^{2-}$ 引起的[141],这说明在碱性激发剂的作用下,垃圾焚烧飞灰和矿渣中含硫铝的矿物与 $Ca^{2+}$ 反应生成了钙矾石,这一点在 XRD 测试中可以得到验证。位于 870 $cm^{-1}$ 和 1 400 $cm^{-1}$ 处的是 C—O 键的弯曲振动峰和伸缩振动峰,这反映出样品中存在一定数量的方解石[146]。960 $cm^{-1}$ 处是 Si(Al)—O 的伸缩振动峰[147],在原材料中,该峰顶点在 1 026.9 $cm^{-1}$ 和 964 $cm^{-1}$ 处,这里包含了参与聚合反应并生成产物的主要活性成分。在试验制备的不同配合比材料中,Si(Al)—O 的伸缩振动峰向低波数移动,这说明体系中有新物质生成,结合已有文献可以判断,此处的产物为 C—S—H、C—A—S—H 或 N—A—S—H 凝胶[146]。1 640 $cm^{-1}$ 处对应着层间水中 H—O—H 的弯曲振动峰,这一类水不能轻易流动,而是吸附在聚合物表面或填充在凝胶空隙中[148],起到一定的承重作用。通过对比试件 i3 和 h3 可以看出,随着水玻璃掺量增多,位于 B 和 D 处的 C—O 吸收峰减小,位于 F 处的 O—H 峰增大,这说明水玻璃掺量增多,体系中方解石产量减小,结合水数量增多。同时,这也进一步说明增加水玻璃掺量可以促进聚合反应的进行,提高 $Ca^{2+}$ 被用于生成带有结晶水聚合产物的比例。

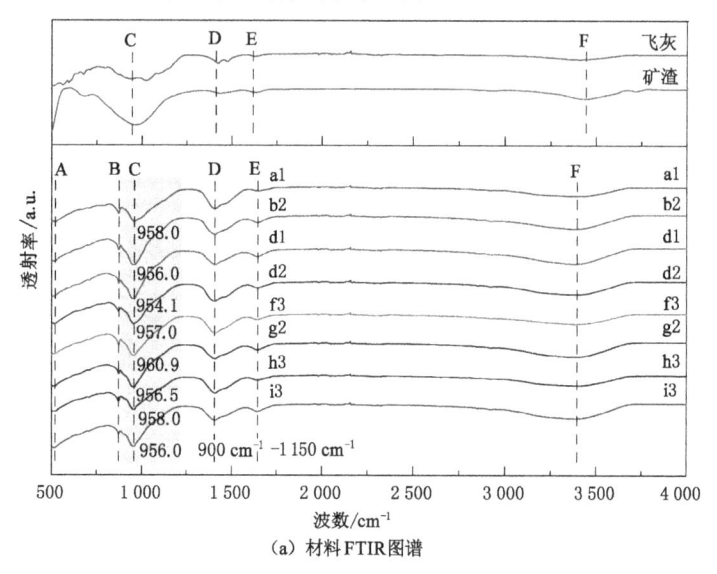

(a) 材料FTIR图谱

图 2-18　材料的 FTIR 图谱及分峰

| 位置 | 化合键类型 | 对应物质 |
|---|---|---|
| A (510 cm$^{-1}$) | S—O 的弯曲振动 | 钙钒石 |
| B (870 cm$^{-1}$) | C—O 的弯曲振动 | $CaCO_3$ |
| C (960 cm$^{-1}$) | Si(Al)—O 的伸缩振动 | C—S—H/N,C—A—S—H |
| D (1 400 cm$^{-1}$) | C—O 的伸缩振动 | $CaCO_3$ |
| E (1 640 cm$^{-1}$) | H—O—H 的弯曲振动 | 层间水 |
| F (3 400 cm$^{-1}$) | O—H 的伸缩振动 | 结晶水 |

(b) 化学键类型

图 2-18(续)

在垃圾焚烧飞灰-矿渣基充填材料中,C—S—H/C—A—S—H 凝胶对基体强度和重金属浸出浓度都起着决定性作用。为进一步分析聚合物凝胶的化学排列,用高斯函数对位于 900~1 150 cm$^{-1}$ 处的吸收峰进行分峰拟合,如图 2-19 所示,吸收峰主要由位于 938~986 cm$^{-1}$ 处的主峰和两侧小峰组成。对比图 2-19(g)、(h)可以看出,随着水玻璃掺量的增加,主峰位置由 955.55 cm$^{-1}$ 增加至 963.41 cm$^{-1}$,主峰波数的增加表明[$SiO_4$]中桥氧数量的减少,反映出体系中主要凝胶产物的聚合度提高[149],聚合度的提高可降低因凝胶产物发生变性而造成重金属二次浸出的风险,这与重金属浸出浓度的测试结果吻合。对比图 2-19 中(a)、(c)和(e)可发现提高水玻璃模数和垃圾焚烧飞灰掺量可有效提高凝胶产物的聚合度。

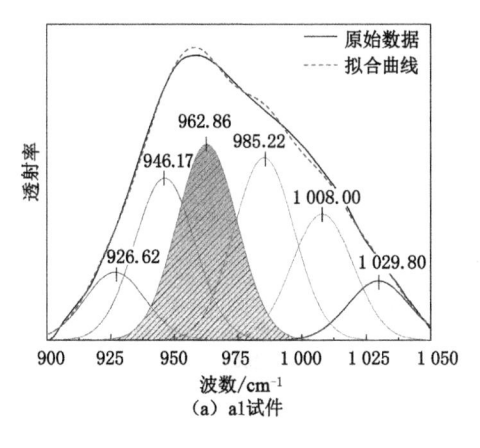

(a) a1 试件

图 2-19 材料的 FTIR 图谱分峰

(b) b2试件

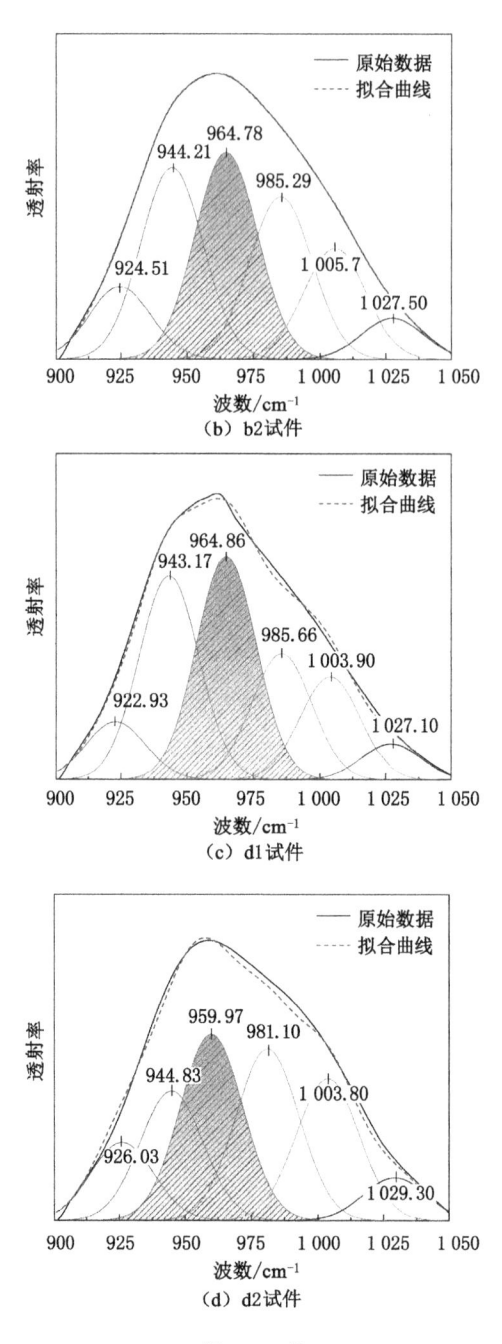

(c) d1试件

(d) d2试件

图 2-19（续）

(e) f3试件

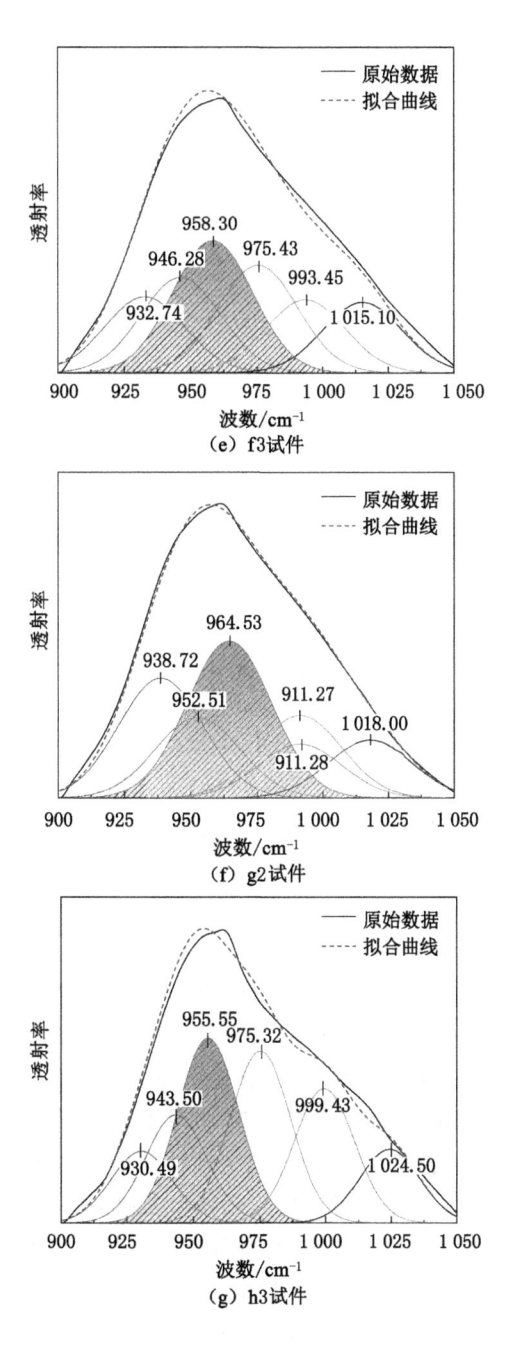

(f) g2试件

(g) h3试件

图 2-19(续)

(h) i3试件

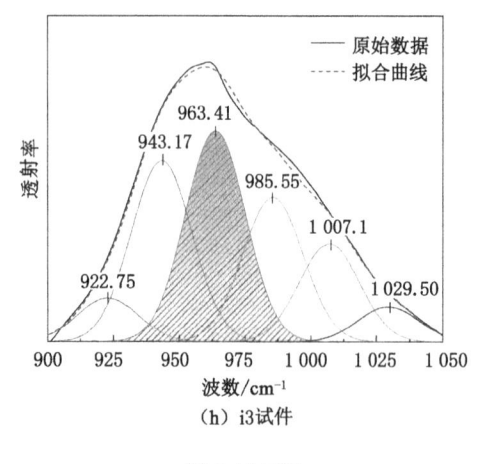

图 2-19(续)

## 2.8 本章小结

本章利用截锥圆模、维卡仪、高精度旋转流变仪对垃圾焚烧飞灰基聚合物浆体的流动度、凝结时间和流变性能进行了检测,初步评估了胶凝材料在浇筑过程中的可行性。同时用电子万能试验机、XRD、FTIR、SEM-EDS 等设备对凝结硬化后试件的抗压强度、物相组成、化学键形式、重金属浸出、微观形貌等进行了检测,着重揭示了垃圾焚烧飞灰基充填材料的凝结硬化机理。主要结论如下。

（1）浆体的初凝时间和终凝时间相差 1.23~4.67 h 不等。随着垃圾焚烧飞灰掺量的增加,浆体的初凝时间和终凝时间均呈上升趋势,而随着水玻璃掺量和水玻璃模数的增加,浆体凝结时间呈下降趋势。新拌浆体具有良好的流动性,除个别配合比浆体的流动度稍差,其余浆体的流动度初始值均在 200 mm 以上。随着时间推移,浆体的流动度损失率呈现不同特征,浆体在搅拌完成的 30 min 内其性质比较稳定,适合现场浇筑,当搅拌完成时间超过 30 min 时浆体流动度变化增大,性质不稳定,在管道中的流动能力大幅下降,不再适合连续浇筑。

（2）本试验所制备的各类浆体均表现出非常显著的非牛顿流体特性。采用 H-B 模型对数据进行拟合并计算浆体的屈服应力、稠度系数和流变特性指数。随着垃圾焚烧飞灰掺量的增加,浆体屈服应力和塑性黏度均呈下降趋势,而随着水玻璃掺量的增加,浆体的屈服应力和塑性黏度不断上升。垃圾焚烧飞灰掺量的降低和水玻璃掺量的增加使得驱动浆体开始流动和维持浆体持续流动所需的能量增大,控制垃圾焚烧飞灰掺量和水玻璃掺量对于延长浆体的可连续浇筑时间具有重要作用。

（3）在碱激发剂和矿渣的作用下,垃圾焚烧飞灰基充填材料在凝结硬化早期便具有较高的强度。垃圾焚烧飞灰自身化学活性较低,当其掺量增加时体系聚合反应程度下降,垃圾焚烧飞灰颗粒难以被有效激发,其自身更多扮演着填充物的角色,因此垃圾焚烧飞灰掺量增多时材料的抗压强度下降。当材料的抗压强度适中时(2～3 MPa),试件呈现出以竖向大裂缝为主、周围小裂缝为辅的状态。

（4）材料的微观测试结果表明,复合材料经聚合反应后其物相组成发生了明显变化,石英的衍射强度下降,取而代之的是位于 $25°$～$35°$ 处的 C—S—H、C—A—S—H 或 N—A—S—H 凝胶。垃圾焚烧飞灰中的硬石膏与矿渣中丰富的 $Ca^{2+}$ 反应生成钙矾石,垃圾焚烧飞灰中的氯盐最终以水铝钙石的形式存在。提高水玻璃模数和垃圾焚烧飞灰掺量可有效提高凝胶产物的聚合度。

# 3 垃圾焚烧飞灰的预处理及固化机理研究

本章考虑垃圾焚烧飞灰(MSWI FA)自身特点,MSWI FA 中存在大量氯离子,一般以 NaCl、KCl、$CaCl_2$ 等形式分布在 MSWI FA 原材料中,除了氯离子以外,MSWI FA 中还存在大量铝单质,使材料内部松散,生成大量气泡。因此,针对上述 MSWI FA 两大特点,首先,采用五种化学激发剂(氢氧化钙、氢氧化钠、水玻璃、稀硫酸、柠檬酸)分别配合水洗工艺对 MSWI FA 进行预处理,探索碱性激发预处理与酸性激发预处理的有效程度,对比哪种激发剂配合水洗工艺能更有效地改善 MSWI FA 的特性。通过对预处理后 MSWI FA 的矿物组成和化学组成进行分析,找到去除氯化物及铝单质的最优方法。其次,加入少量生石灰制备 MSWI FA 基地聚合物,从抗压强度和重金属浸出浓度两个方面对 MSWI FA 基地聚合物固化重金属效果进行评价。最后,从重金属浸出浓度、矿物学特征、微观结构和形貌等方面探讨了其固化机理。以上述试验结果确定激发剂与水洗工艺配合的最佳方案。

## 3.1 MSWI FA 预处理试验

采用碱激发剂(氢氧化钙、氢氧化钠与硅酸钠)、酸激发剂(稀硫酸与柠檬酸)分别与水洗工艺相结合,对 MSWI FA 进行预处理,以探索去除氯化物以及铝单质的最优方案。各激发剂掺量选取 0.2%、0.5%、1%、1.5% 和 2%(各激发剂用量与 MSWI FA 的质量比)五个水平,水灰比选取 1:1、3:1、5:1、10:1 和 15:1 五个水平进行预试验,并以预处理后的 MSWI FA 为原材料制备碱激发地聚合物,以试样的密度和抗压强度为目标探索最优方案。MSWI FA 预处理时发泡情况如图 3-1 所示。首先将一定量的水放入容器中,掺入 MSWI FA 质量 1% 的激发剂并搅拌均匀,静置 10 min 后,将一定质量的 MSWI FA 倒入配置好的溶液中并搅拌均匀,30 min 后逐渐产生大量气泡,如图 3-1(a)所示,随后每 30 min 搅拌一次,直至 5 h 后气泡逐渐消失,如图 3-1(b)所示。静置 5 h 后,碱激发剂水洗后的 MSWI FA 溶液 pH 值为 12±0.5;而酸激发剂水洗后的 MSWI FA 溶液 pH 值为 10±0.5。水洗过程中,由于静置时间过长,

MSWI FA 溶液产生分层离析现象，因此将 MSWI FA 溶液上层的渗滤液倒入其他容器中，立即测量 pH 值，发现用量一样的激发剂(无论是碱激发剂还是酸激发剂)产生的渗滤液 pH 值均为 $10\pm0.5$。这说明 MSWI FA 自身属于碱性材料，当 MSWI FA 与碱激发剂或者酸激发剂反应一定时间后，激发剂与 MSWI FA 中铝单质等其他物质反应生成氢气，激发剂消耗殆尽，使得 MSWI FA 渗滤液最终 pH 值不变。将预处理后的 MSWI FA 放入烘干箱内，105 ℃下烘 24 h 至恒重后待用。采用水洗处理后的垃圾焚烧飞灰制备地聚合物，养护至龄期后测试试样的密度，部分试样如图 3-2 所示，各试样的密实程度差异较大，由表 3-1 和图 3-3 可知，激发剂用量为 1%、水灰比为 3∶1 试样的密度及抗压强度最优(此结果由试验效果和制样成本综合考虑得出)。将各激发剂处理后的垃圾焚烧飞灰进行 XRD 和 XRF(X 射线荧光光谱分析)测试，确定其矿物成分和化学组成。图 3-4 为微观分子结合示意图。

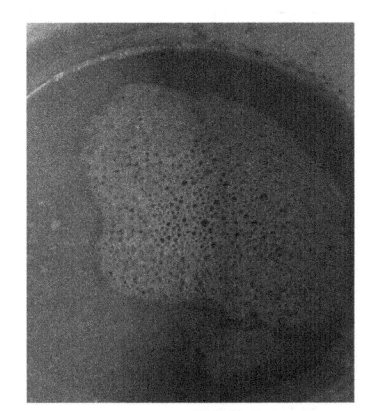

(a) 5 h 前发泡情况　　　　　(b) 5 h 后发泡情况

图 3-1　MSWI FA 预处理时发泡情况

图 3-2　MSWI FA 预处理时聚合物样品宏观形貌

表 3-1 预试验中试件的密度及抗压强度值

| 组别 | 激发剂名称 | 激发剂用量/% | 水灰比 | 密度/(g/cm³) | 抗压强度/MPa |
|---|---|---|---|---|---|
| $A_1$ | 氢氧化钙 | 0.2 | 3∶1 | 1.68 | 0.325 |
| $A_2$ | 氢氧化钙 | 0.5 | 3∶1 | 1.76 | 0.555 |
| $A_3$ | 氢氧化钙 | 1 | 3∶1 | 1.83 | 1.127 |
| $A_4$ | 氢氧化钙 | 1.5 | 3∶1 | 1.88 | 1.359 |
| $A_6$ | 氢氧化钙 | 1 | 1∶1 | 1.75 | 0.322 |
| $A_7$ | 氢氧化钙 | 1 | 3∶1 | 1.83 | 1.127 |
| $A_8$ | 氢氧化钙 | 1 | 5∶1 | 1.78 | 1.071 |
| $A_9$ | 氢氧化钙 | 1 | 10∶1 | 1.84 | 1.199 |
| $A_{10}$ | 氢氧化钙 | 1 | 15∶1 | 1.88 | 1.346 |
| $B_1$ | 氢氧化钠 | 0.2 | 3∶1 | 1.67 | 0.286 |
| $B_2$ | 氢氧化钠 | 0.5 | 3∶1 | 1.73 | 0.633 |
| $B_3$ | 氢氧化钠 | 1 | 3∶1 | 1.85 | 1.277 |
| $B_4$ | 氢氧化钠 | 1.5 | 3∶1 | 1.89 | 1.414 |
| $B_5$ | 氢氧化钠 | 2 | 3∶1 | 1.95 | 1.769 |
| $B_6$ | 氢氧化钠 | 1 | 1∶1 | 1.65 | 0.334 |
| $B_7$ | 氢氧化钠 | 1 | 3∶1 | 1.85 | 1.277 |
| $B_8$ | 氢氧化钠 | 1 | 5∶1 | 1.79 | 1.092 |
| $B_9$ | 氢氧化钠 | 1 | 10∶1 | 1.83 | 1.147 |
| $B_{10}$ | 氢氧化钠 | 1 | 15∶1 | 1.90 | 1.388 |
| $C_1$ | 硅酸钠 | 0.2 | 3∶1 | 1.70 | 0.412 |
| $C_2$ | 硅酸钠 | 0.5 | 3∶1 | 1.77 | 0.617 |
| $C_3$ | 硅酸钠 | 1 | 3∶1 | 1.85 | 1.109 |
| $C_4$ | 硅酸钠 | 1.5 | 3∶1 | 1.90 | 1.266 |
| $C_5$ | 硅酸钠 | 2 | 3∶1 | 1.96 | 1.409 |
| $C_6$ | 硅酸钠 | 1 | 1∶1 | 1.70 | 0.357 |
| $C_7$ | 硅酸钠 | 1 | 3∶1 | 1.85 | 1.109 |
| $C_8$ | 硅酸钠 | 1 | 5∶1 | 1.80 | 0.955 |
| $C_9$ | 硅酸钠 | 1 | 10∶1 | 1.85 | 1.151 |
| $D_1$ | 稀硫酸 | 0.2 | 3∶1 | 1.65 | 0.245 |
| $D_2$ | 稀硫酸 | 0.5 | 3∶1 | 1.70 | 0.419 |
| $D_3$ | 稀硫酸 | 1 | 3∶1 | 1.76 | 0.862 |

表 3-1(续)

| 组别 | 激发剂名称 | 激发剂用量/% | 水灰比 | 密度/(g/cm³) | 抗压强度/MPa |
|---|---|---|---|---|---|
| $D_4$ | 稀硫酸 | 1.5 | 3:1 | 1.79 | 0.992 |
| $D_5$ | 稀硫酸 | 2 | 3:1 | 1.82 | 1.113 |
| $D_6$ | 稀硫酸 | 1 | 1:1 | 1.68 | 0.388 |
| $D_7$ | 稀硫酸 | 1 | 3:1 | 1.76 | 0.862 |
| $D_8$ | 稀硫酸 | 1 | 5:1 | 1.74 | 0.562 |
| $D_9$ | 稀硫酸 | 1 | 10:1 | 1.79 | 0.774 |
| $D_{10}$ | 稀硫酸 | 1 | 15:1 | 1.82 | 1.038 |
| $E_1$ | 柠檬酸 | 0.2 | 3:1 | 1.64 | 0.286 |
| $E_2$ | 柠檬酸 | 0.5 | 3:1 | 1.68 | 0.507 |
| $E_3$ | 柠檬酸 | 1 | 3:1 | 1.71 | 0.879 |
| $E_4$ | 柠檬酸 | 1.5 | 3:1 | 1.73 | 0.977 |
| $E_5$ | 柠檬酸 | 2 | 3:1 | 1.77 | 1.062 |
| $E_6$ | 柠檬酸 | 1 | 1:1 | 1.63 | 0.222 |
| $E_7$ | 柠檬酸 | 1 | 3:1 | 1.71 | 0.879 |
| $E_8$ | 柠檬酸 | 1 | 5:1 | 1.69 | 0.512 |
| $E_9$ | 柠檬酸 | 1 | 10:1 | 1.71 | 0.736 |
| $E_{10}$ | 柠檬酸 | 1 | 15:1 | 1.73 | 0.913 |

(a) 试样密度

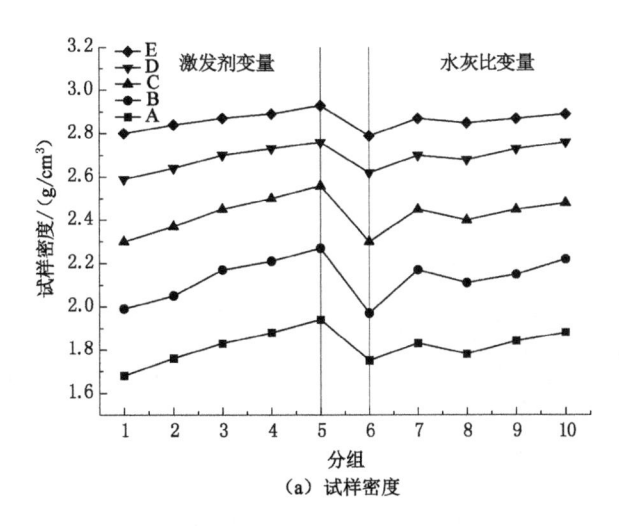

图 3-3 预试验中试样密度及抗压强度在不同变量下的变化规律示意图

(b)抗压强度

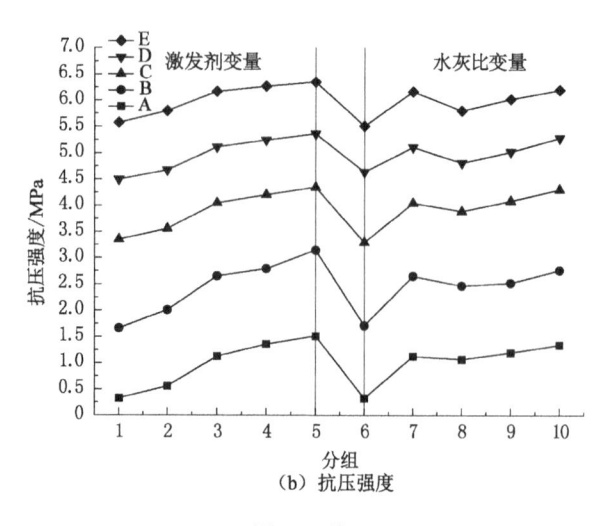

图 3-3(续)

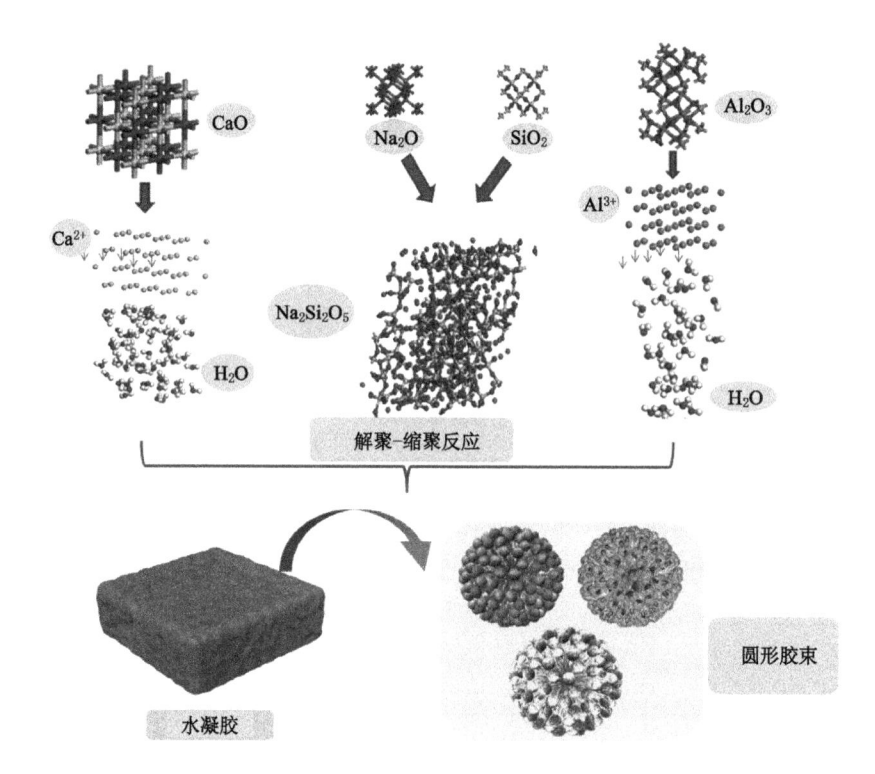

图 3-4 微观分子结合示意图

## 3.2 MSWI FA 中氯化物及金属铝去除

### 3.2.1 MSWI FA 的物理化学特性

#### 3.2.1.1 MSWI FA 的物理特性

阜新市 MSWI FA 为浅棕色细粉,颗粒粗大、多孔、疏松,大多是不规则玻璃体,表面包裹大量的细小颗粒,粒径分布不均匀。由图 3-5 可以看出,MSWI FA 的粒径主要集中分布在 1~100 μm 之间,小于 60 μm 的颗粒体积约占 70%,这说明 MSWI FA 具有较大的比表面积。

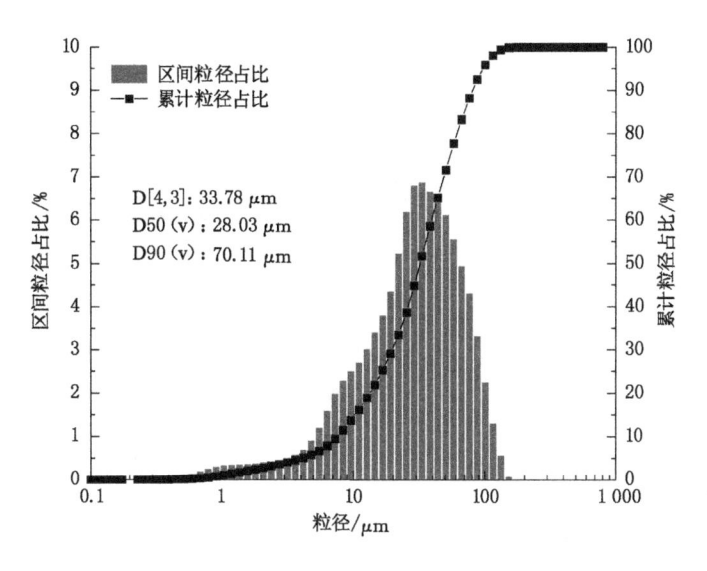

图 3-5 MSWI FA 粒度分析

#### 3.2.1.2 MSWI FA 的化学性质与矿物组成

MSWI FA 的 XRF 测试结果见表 2-1。由表 2-1 可知,Ca、Cl、S、Na、K、Si 和 Al 是 MSWI FA 的主要组成元素,其中氯盐和钙盐含量比较高,Si 和 Al 含量相对较低,说明 MSWI FA 是具有一定火山灰活性的铝硅酸盐材料。此外,Cl 含量达到 14.8%,主要由 NaCl、KCl 和 $CaCl_2$ 等可溶性盐组成。Cl 含量偏高主要由于生活垃圾中含有大量的厨余垃圾和塑料制品。可溶性无机氯化物会给 MSWI FA 的固化效果和资源化利用带来很大的阻碍。

图 3-6 是 MSWI FA 的 XRD 图谱,由图可以看出,飞灰中有明显的二氧化

硅晶体以及石膏、方解石、钙铝黄长石、硅酸镁石、白云母等各种矿物成分，物相比较复杂，其中较为明显的是 NaCl、KCl 等氯化物。由图 3-6 中 I 区域可以看出显著的盐岩矿物相，说明 MSWI FA 中氯盐的含量很大。MSWI FA 表现出多种矿物相，一方面说明其有很高的利用价值，另一方面说明其杂质偏多，氯化物含量偏大，会对分子聚合或水化反应带来不利影响[150]。

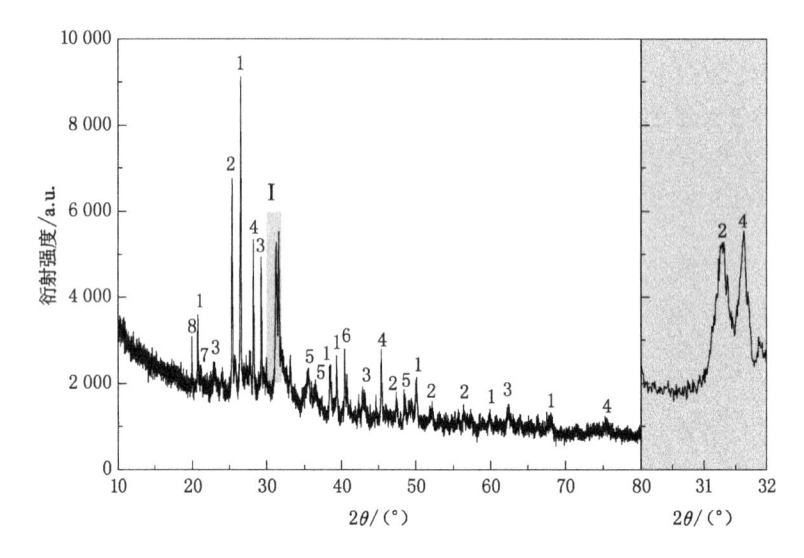

1—石英；2—硬石膏；3—方解石；4—岩盐；5—钙铝黄长石；6—钾盐；7—镁橄榄石；8—白云母。

图 3-6 MSWI FA 的 XRD 图谱

另外，本试验所使用的 MSWI FA 中还含有金属铝单质以及其他使飞灰聚合物呈现多孔结构的杂质。

### 3.2.1.3 MSWI FA 的污染特性

表 3-2 为垃圾焚烧飞灰中的重金属浸出特性和限值，同时列出了不同标准[《固体废物 浸出毒性浸出方法 醋酸缓冲溶液法》(HJ/T 300—2007)、《生活垃圾填埋场污染控制标准》(GB 16889—2024)、《危险废物填埋污染控制标准》(GB 18598—2019)]对垃圾焚烧飞灰中重金属的浸出浓度和标准限值的规定[151-153]。由表 3-2 可知，垃圾焚烧飞灰中重金属含量最高的是 Zn，其他重金属含量也超过表 3-2 列出的标准限值，增加了环境污染的风险。垃圾焚烧飞灰中重金属浸出浓度按大小排序为 Zn>Cu>Cr>Pb>Ni>Cd，除了 Cd 以外，其他都与重金属总含量顺序一致。垃圾焚烧飞灰中的 Cu、Cr 等重金属浸出浓度均低于 GB 18598—2019 的标准值，但是超过了 GB 16889—2024 的标准值。其他重金属浸出浓度均超出了 GB 16889—2024 的标准值。其中，Pb 的浸出浓度超

出 GB 16889—2024 标准值的 19 倍,并且超出 GB 18598—2019 标准值的 3 倍；而 Cd 的浸出浓度超出 GB 16889—2019 标准值的 19 倍,并且超出 GB 18598—2019 标准值的 4 倍。因此,垃圾焚烧飞灰不适合在生活垃圾填埋场直接填埋处置。

表 3-2　MSWI FA 中的重金属浸出特性和限值　　　　　单位:mg/L

| MSWI FA 中的重金属 | Zn | Cu | Cr | Pb | Cd | Ni |
|---|---|---|---|---|---|---|
| 重金属总含量 | 9 620 | 2 220 | 580 | 211 | 170 | 159 |
| 浸出浓度(HJ/T 300—2007) | 192.4 | 46.62 | 11.60 | 5.01 | 3.06 | 3.18 |
| 标准限值(GB 16889—2024) | 100 | 40 | 4.5 | 0.25 | 0.15 | 1.5 |
| 标准限值(GB 18598—2019) | 120 | 120 | 15 | 1.2 | 0.6 | 2 |

### 3.2.2　激发剂协同水洗工艺对氯化物及金属铝去除的影响和控制

对采用不同激发剂预处理后的垃圾焚烧飞灰开展 XRF 测试,其化学成分列于表 3-3 中,经过各种激发剂处理后的垃圾焚烧飞灰氧化物含量大致相同。与垃圾焚烧飞灰原材料相比,F1~F5 组中 $SiO_2$ 和 CaO 的含量都有所增加,且在 F2 中 CaO 含量最高,其原因是 F2 激发剂为氢氧化钙,在水洗过程中提供了较多的钙离子,所以进入飞灰颗粒的钙离子较多。而对于 $Al_2O_3$,各种激发剂对其含量影响不大。对于 $SO_3$ 影响最大的是 F5,因为稀硫酸提供的硫酸根离子最多。

表 3-3　不同激发剂预处理后的垃圾焚烧飞灰化学成分含量　　　单位:mg/L

| 组号 | $SiO_2$ | CaO | $Al_2O_3$ | $SO_3$ | $Fe_2O_3$ | MgO | $Na_2O$ |
|---|---|---|---|---|---|---|---|
| MSWI FA | 25.36 | 24.49 | 12.46 | 5.29 | 4.75 | 4.43 | 4.33 |
| F1 | 27.60 | 27.20 | 12.48 | 7.19 | 6.87 | 4.59 | 1.91 |
| F2 | 25.93 | 28.21 | 12.00 | 7.14 | 6.97 | 4.61 | 2.28 |
| F3 | 26.34 | 27.70 | 12.06 | 7.25 | 6.79 | 4.57 | 2.24 |
| F4 | 26.87 | 27.20 | 12.43 | 7.12 | 7.04 | 5.07 | 1.96 |
| F5 | 27.78 | 26.50 | 12.44 | 7.36 | 6.98 | 4.72 | 1.99 |

注:F1—水玻璃；F2—氢氧化钙；F3—氢氧化钠；F4—柠檬酸；F5—稀硫酸。

图 3-7 所示为各种激发剂对氯离子与铝单质的去除效果。全元素单质含量由 XRF 测试得出。氯离子去除效果最好的是两种酸激发剂,而对铝单质去除

效果最好的是碱性激发剂,由此说明,氯离子在酸性环境下更加活跃,而铝单质在碱性环境下反应更加强烈并生成更多的氢气。将各种激发剂预处理后的垃圾焚烧飞灰中主要元素质量分数绘于图 3-8 中,由图可知,通过激发剂与水洗工艺协同处理垃圾焚烧飞灰,在去除氯离子和铝单质的同时,飞灰中游离的钙离子与硅离子含量也有所下降。

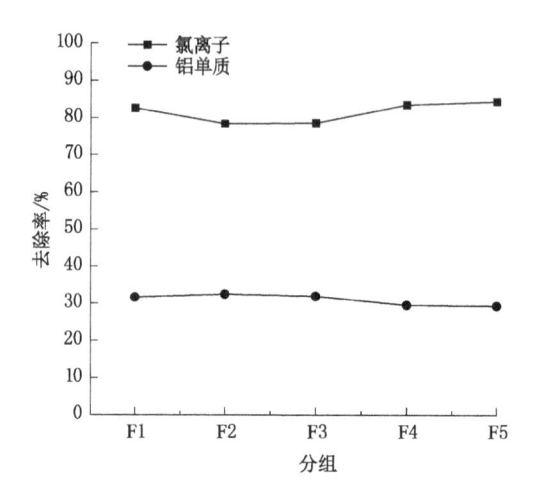

图 3-7 水洗工艺的氯离子和铝单质的去除率

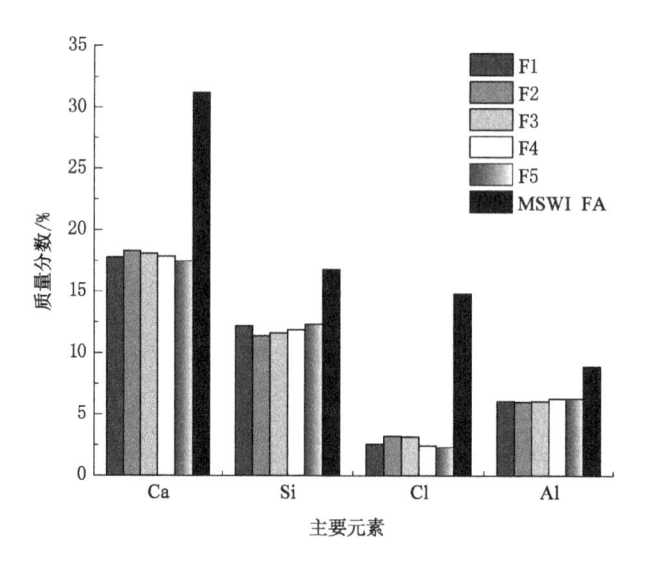

图 3-8 垃圾焚烧飞灰中的主要元素质量分数

图 3-9 为通过 XRD 获得的各种激发剂协同水洗工艺预处理后垃圾焚烧飞灰物相分析结果,发现不同激发剂预处理后的飞灰物相有很大差别。首先最为显著的是每组图都没有发现明显的氯化物结晶峰,说明预处理对氯化物的去除效果较好。F1 和 F5 的物相基本相同,其最高峰均为二氧化硅结晶,说明水玻璃和稀硫酸作为主要激发剂,与垃圾焚烧飞灰反应时,二氧化硅晶体含量没有太大变化。而 F2 最高峰为锆石,是一种硅酸盐矿物($ZrSiO_4$),性质非常稳定。其生成环境是在高温下,氧化锆与二氧化硅反应生成了硅酸锆,在氢氧化钙激发下大量放热,使垃圾焚烧飞灰中存在的少量氧化锆与二氧化硅反应,生成锆石矿物相。F3 的最高峰为顽火辉石($Mg_2[Si_2O_6]$ $Fe_2[Si_2O_6]$),主要由二氧化硅和氧化镁组成。F4 的最高峰为比较少见的纤铁矿[$\gamma\text{-}FeO(OH)$],在柠檬酸的酸性环境下,使部分氢氧化铁脱水后,形成纤铁矿物相。

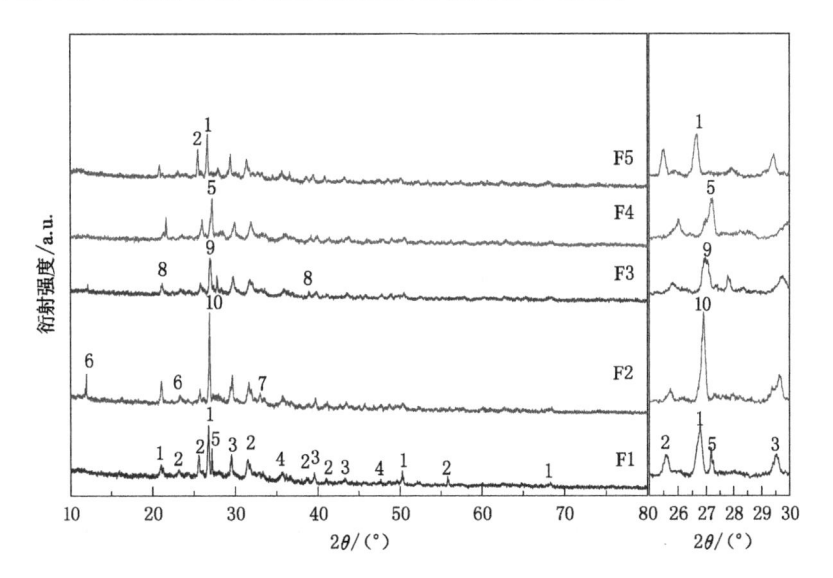

1—石英;2—硬石膏;3—方解石;4—赤铁矿;5—纤铁矿;6—麦角柯宁碱;
7—钙铝黄长石;8—针铁矿;9—顽火辉石;10—锆石。

图 3-9　MSWI FA 基地聚合物的 XRD 图谱

图 3-10 为预处理后的 MSWI FA 中的重金属含量。由表 3-3 和图 3-10 可以清晰地看出,Zn 的含量变化最大、降低最多,其次是重金属 Cu。Tessier 提出了改进的五步连续萃取法[154],并将重金属的化学形态分为五个部分:可交换态、碳酸盐态、铁锰氧化物态、有机物态和残留态。其中可交换态和碳酸盐态被视为不稳定状态,但铁锰氧化物态、有机物态和残留态被视为稳定的化学形式,重金属不易释放[155-156]。从图 3-10 中可以看出,由于激发剂结合水洗工艺,初

始渗滤液呈现碱性或者酸性，5 h 后 pH 值发生变化，影响了重金属形态的转化并加快重金属浸出，对下一步的垃圾焚烧飞灰固化/稳定化有利。

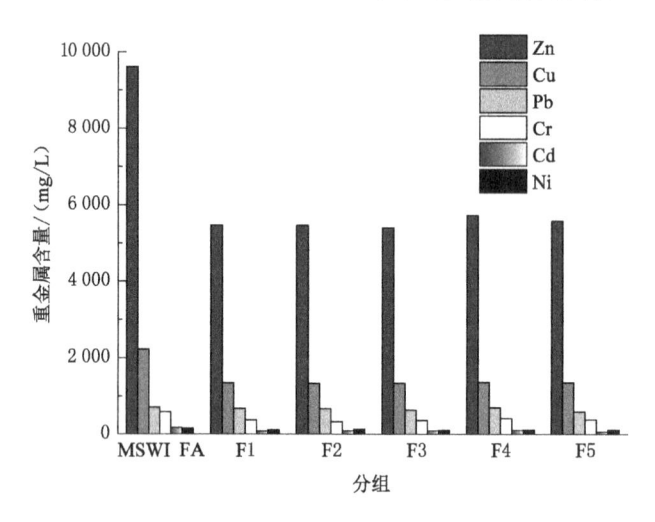

图 3-10　MSWI FA 中的重金属含量

通过不同激发剂预处理后的垃圾焚烧飞灰物相与化学元素分析发现，以水玻璃为激发剂与水洗工艺协同作用，去除氯化物及铝单质的效果最优。采用不同激发剂预处理方法对重金属浸出浓度方面没有太大影响。

## 3.3　预处理后 MSWI FA 基样品制备

通过上述对比分析，考虑成本问题和预处理效果，首先重新选用片碱（NaOH）为激发剂，结合水洗工艺对 MSWI FA 进行预处理。然后加入少量生石灰 CaO 作为制备 MSWI FA 固化体的激发剂，并调节钙硅比，分别采用矿渣、自燃煤矸石粉、粉煤灰对 MSWI FA 进行固化处理，探索出 MSWI FA 中重金属固化效果好、成本低的配合比。以钙硅比为参照标准，研究三种火山灰材料的固化效果及固化机理，探索出最优配合比以进行下一步矿山采空区充填体的制备。将预处理后的 MSWI FA 命名为 MSWI FA(S)。

地聚合物样品按表 3-4 设计配合比进行制备。将 MSWI FA(S) 按表 3-4 中材料称量后进行混合，搅拌均匀，随后按 0.54 的水灰比加入混合好的材料中，随即搅拌均匀，将所得均匀浆液浇筑到 50 mm×100 mm 的圆柱形模具中，通过振动排出气泡。将模具用塑料薄膜覆盖以避免水分蒸发，24 h 后进行脱模，将脱模后的样品采用塑料薄膜进行包裹，放入温度为(20±2)℃、湿度大于 95% 的标准养护箱中进行养护。试样达到相应养护龄期时进行单轴抗压强度测试。图 3-11 为制备样品的微观示意图。

表 3-4　不同材料固化 MSWI FA(S)各龄期的抗压强度值

| 组别因素 | 矿渣质量/g | 自燃煤矸石粉质量/g | 粉煤灰质量/g | 垃圾焚烧飞灰质量/g | 生石灰质量/g | 水灰比 | 抗压强度/MPa | | |
|---|---|---|---|---|---|---|---|---|---|
| | | | | | | | 7 d | 14 d | 28 d |
| $A_{11}$ | 96 | — | — | 120 | 24 | 0.54 | 0.964 | 1.267 | 2.073 |
| $A_{12}$ | 84 | — | — | 120 | 36 | 0.54 | 2.064 | 2.355 | 2.787 |
| $A_{13}$ | 72 | — | — | 120 | 48 | 0.54 | 1.348 | 1.848 | 2.244 |
| $A_{14}$ | 60 | — | — | 120 | 60 | 0.54 | 1.218 | 1.618 | 1.947 |
| $A_{15}$ | 48 | — | — | 120 | 72 | 0.54 | 0.714 | 1.025 | 1.129 |
| $A_{21}$ | — | 96 | — | 120 | 24 | 0.54 | 1.191 | 1.530 | 1.776 |
| $A_{22}$ | — | 84 | — | 120 | 36 | 0.54 | 0.932 | 1.370 | 2.143 |
| $A_{23}$ | — | 72 | — | 120 | 48 | 0.54 | 1.138 | 1.507 | 2.474 |
| $A_{24}$ | — | 60 | — | 120 | 60 | 0.54 | 1.249 | 1.650 | 2.500 |
| $A_{25}$ | — | 48 | — | 120 | 72 | 0.54 | 1.200 | 1.842 | 2.732 |
| $A_{31}$ | — | — | 96 | 120 | 24 | 0.54 | 0.355 | 0.601 | 1.070 |
| $A_{32}$ | — | — | 84 | 120 | 36 | 0.54 | 0.389 | 0.578 | 1.238 |
| $A_{33}$ | — | — | 72 | 120 | 48 | 0.54 | 0.490 | 0.924 | 1.432 |
| $A_{34}$ | — | — | 60 | 120 | 60 | 0.54 | 0.451 | 0.903 | 1.293 |
| $A_{35}$ | — | — | 48 | 120 | 72 | 0.54 | 0.311 | 0.426 | 0.752 |

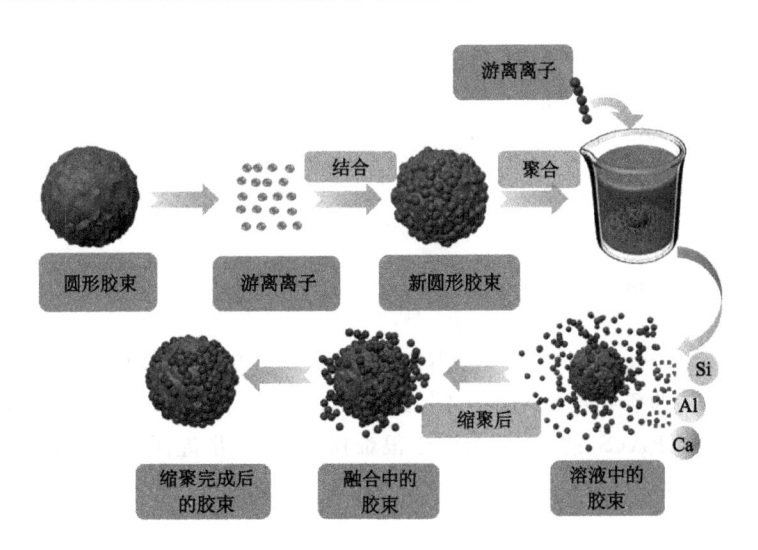

图 3-11　制备样品的微观示意图

## 3.4 MSWI FA(S)的化学性质与矿物组成

XRF 测试结果表明，MSWI FA(S)中的单质与氧化物含量均有所变化，尤其是重点关注的 Cl 元素与 Al 元素的变化情况，由图 3-12 可知，Cl 元素含量为 1.53%，与原 MSWI FA 相比下降了 89.7%，下降幅度大的原因在于 Cl 元素来源于 NaCl、KCl 和 $CaCl_2$ 等可溶性盐，所以在预处理过程中易溶于水，Cl 元素跟随渗滤液排出。观察图 3-12 可以发现，Al 元素含量降低了 32.5%，可能是一些游离的 $Al^{3+}$ 在不断搅拌时，转移到了渗滤液中，随之排出。其他两种凝胶产物的主要组成元素 Ca 和 Si 也有所下降，说明一部分游离的 $Ca^{2+}$ 和 $Si^{4+}$ 也随之排出，还有一些可溶性盐溶于水中，随着渗滤液一起排出。

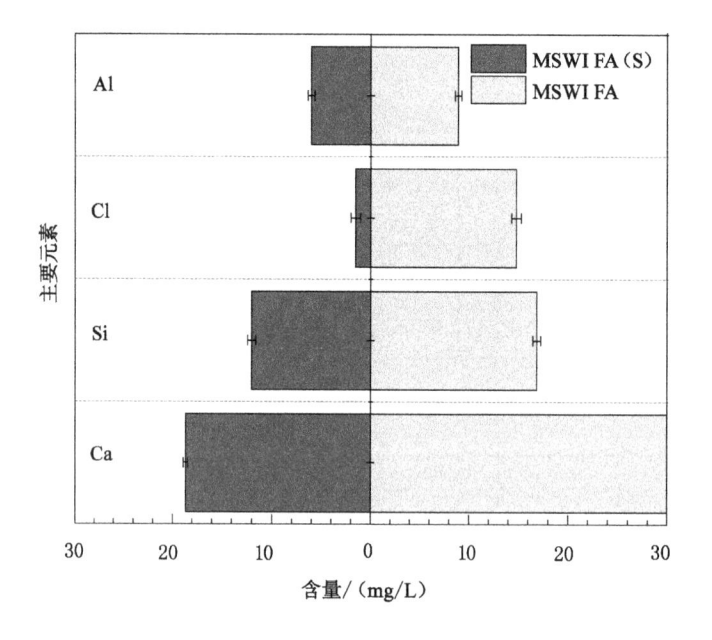

图 3-12 MSWI FA 和 MSWI FA(S)中重点元素含量

图 3-13 为 MSWI FA(S)的 XRD 图谱，由图可知 MSWI FA(S)的矿物组成与 MSWI FA 的矿物组成基本相同，最大的区别在于 MSWI FA 中的 NaCl 等氯盐在 MSWI FA(S)的 XRD 图谱中很难找到，进一步佐证了上述 XRF 中的数据。综上所述，这种预处理方法对于去除 $Cl^-$ 有效。

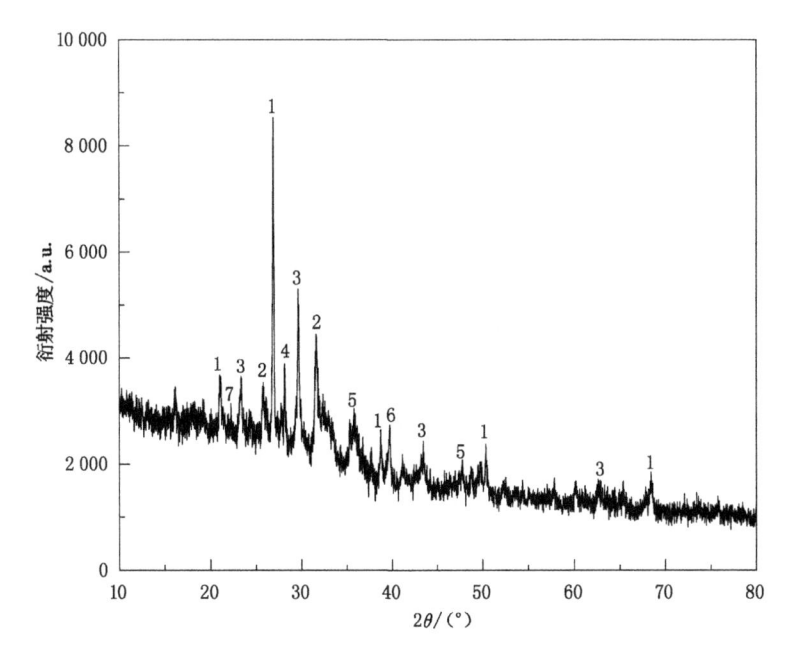

1—石英；2—硬石膏；3—方解石；4—岩盐；5—钙铝黄长石；6—钾盐；7—镁橄榄石。

图 3-13　MSWI FA(S)的 XRD 图谱

## 3.5　MSWI FA(S)的污染特性

图 3-14 显示的是 MSWI FA 预处理后 MSWI FA(S)中的重金属元素含量，由图可知，元素 Zn 含量降低了 40%，说明有部分锌盐溶于水后被排出。元素 Cu 含量降低了 38.3%，其中部分硫酸铜、氯化铜和硝酸铜等铜盐易溶于水被排出。元素 Pb 含量降低了 0.85%，几乎没有变化，只有少部分铅离子流出（如硝酸铅等），说明铅化合物性质比较稳定，大多以沉淀形式存在，且这种预处理方法对铅元素的影响很小。元素 Cr 含量下降了 38.4%，其中氧化铬等易溶于水，并随渗滤液排出。元素 Cd 含量下降了 47.6%，Cd 本身就是水体迁移性元素，除了硫化镉外，其他镉的化合物均能溶于水，这也说明元素 Cd 是浸出性比较强的重金属，所以污染性也较强。元素 Ni 含量降低了 22.01%，其中氯化镍等化合物易溶于水，随渗滤液排出。元素 Pb、Cr、Cd 等一直是污染性强并且很难被固化的重金属，接下来分析三种火山灰活性比较强的材料，在单一生石灰的激发下，MSWI FA(S)基固化体产生的水化机理以及重金属固化效果。

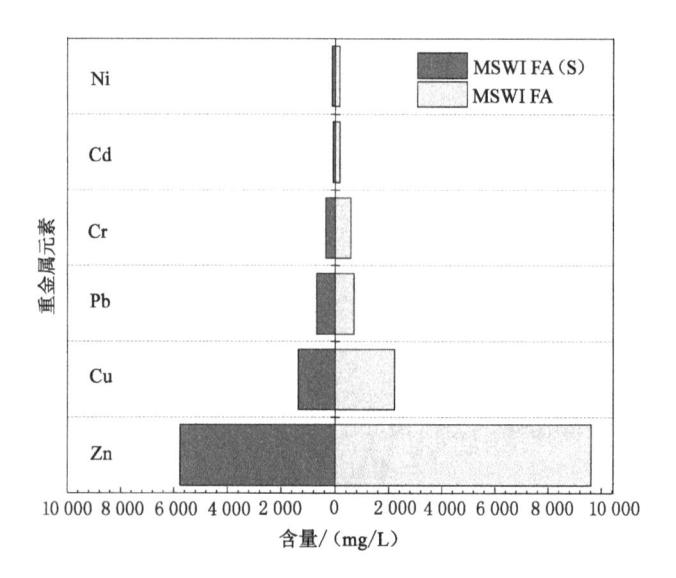

图 3-14　MSWI FA 和 MSWI FA(S)中重金属元素含量

## 3.6　MSWI FA(S)基固化体的抗压强度分析

表 3-4 为不同材料固化 MSWI FA(S)各龄期的抗压强度值,由表可知,抗压强度最高的为 $A_{12}$ 组配合比,其 28 d 龄期抗压强度为 2.787 MPa,可见就抗压强度而言,在相同条件下,矿渣固化 MSWI FA(S)的抗压强度最高。表 3-4 中的抗压强度值说明,采用不同材料固化 MSWI FA(S)时,抗压强度最高的配合比中生石灰掺量明显不同,即 $Ca^{2+}$ 的附加掺量不同,同时造成钙硅比的不同。由表 3-4 中的数据可以算出每组配合比中的钙硅比,以此来阐述试块的强度问题。图 3-15 为每组配合比中钙硅比示意图,从图中可知,由于不同材料中所含 $Ca^{2+}$ 和 $Si^{4+}$ 的含量不同,造成钙硅比差异显著。在生石灰激发矿渣固化 MSWI FA(S)的 $A_1$ 组配合比中,钙硅比相对偏大。由于生石灰掺量的增加,钙硅比逐渐增大,呈上升趋势,此时最优的配合比中钙硅比为 2.24。再观察生石灰激发自燃煤矸石粉固化 MSWI FA(S)的 $A_2$ 组配合比中,钙硅比相对偏小,这是由于自燃煤矸石粉中 CaO 含量较少,所提供的钙源较少。但是,生石灰掺量的增多缓解了钙源不足的情况,随着生石灰掺量的不断增加,钙硅比逐渐增大,在该组最优的配合比中钙硅比达到 2.45。最后观察生石灰激发粉煤灰固化 MSWI FA(S)的 $A_3$ 组配合比中,由于粉煤灰自身 CaO 含量较少(仅有 4.2%),导致钙硅比相对偏小(与 $A_2$ 组相

近),随着生石灰掺量的不断增加,起到了补充钙源的作用,使抗压强度有所上升,钙硅比随之增大,在该组最优的配合比中钙硅比达到1.7。综上所述,对于不同材料,在生石灰作为激发剂的情况下,钙硅比不能作为唯一考量指标,需要结合实际情况来判定样品的抗压强度规律,但结合表3-4和图3-15说明,钙硅比过小,对于样品的抗压强度会起到负面影响。本次试验中,根据不同材料的情况,在1.5~2.5之间最为适合。

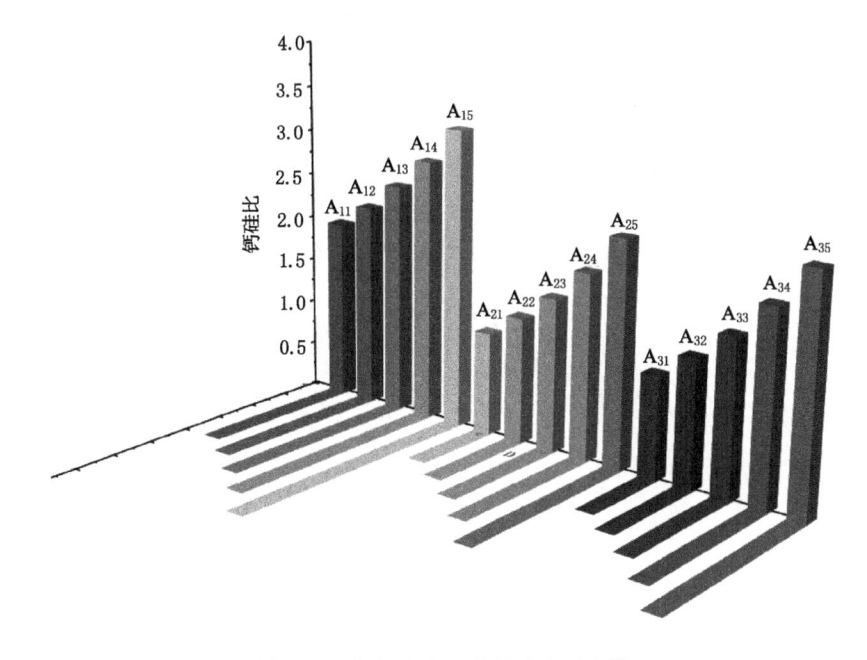

图 3-15 每组配合比中钙硅比示意图

图3-16为不同材料固化MSWI FA(S)在7 d、14 d、28 d龄期的抗压强度规律,由图可知,在生石灰激发矿渣固化MSWI FA(S)时,各龄期抗压强度随着CaO含量的增多呈先增大后减小的趋势,最高强度为2.787 MPa。在生石灰激发自燃煤矸石粉固化MSWI FA(S)时,7 d和14 d抗压强度规律有微小波动,可能由于CaO含量较少,前期CaO参与聚合反应程度不同,所以产生波动,直到28 d龄期,抗压强度随着CaO含量的增多逐渐增大并趋于稳定。在生石灰的激发下,粉煤灰固化MSWI FA(S)时,抗压强度随龄期的增长逐渐增大,并且随着CaO的含量的增多呈先增大后减小的趋势。综上所述,由图3-16可知,矿渣、自燃煤矸石粉和粉煤灰分别在生石灰的激发下固化MSWI FA(S)时,矿渣的效果最好,并且随着龄期的增长,强度规律最稳定。根据以上规律可知,CaO含量适当时,促凝效果明显,结合其物理化学性质,可推测含钙物质的促凝增强

机制。首先，CaO 在材料颗粒中与水反应生成 Ca(OH)$_2$。此过程对颗粒周围的改变主要体现在生成 Ca(OH)$_2$ 时，在高碱性条件下 Ca(OH)$_2$ 的溶解度降低会立即析晶；析出的 Ca(OH)$_2$ 结晶导致了新的液固界面，可作为非均匀成核基体而诱导硅铝凝胶的生成[157]。CaO 与层间水反应的化学过程可能引起其他物理变化。该反应放热有可能使溶液局部温度升高，促进硅铝聚合反应。同时，水的消耗增强溶液局部碱性，有助于释放硅、铝、钙等物质，促进硅铝聚合反应。因此，CaO 与水反应后对材料起到了直接的促凝增强作用。

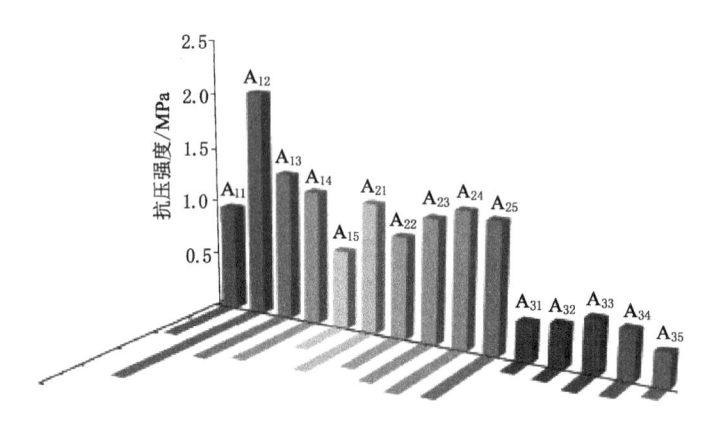

(a) 7 d

(b) 14 d

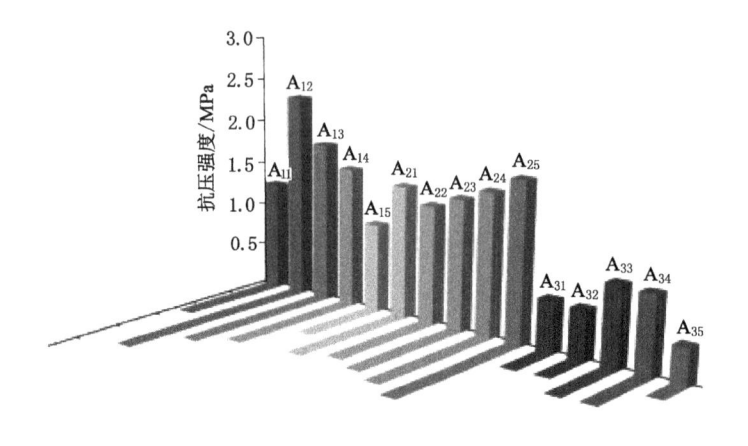

图 3-16　不同材料固化 MSWI FA(S) 在不同龄期的抗压强度规律

(c) 28 d

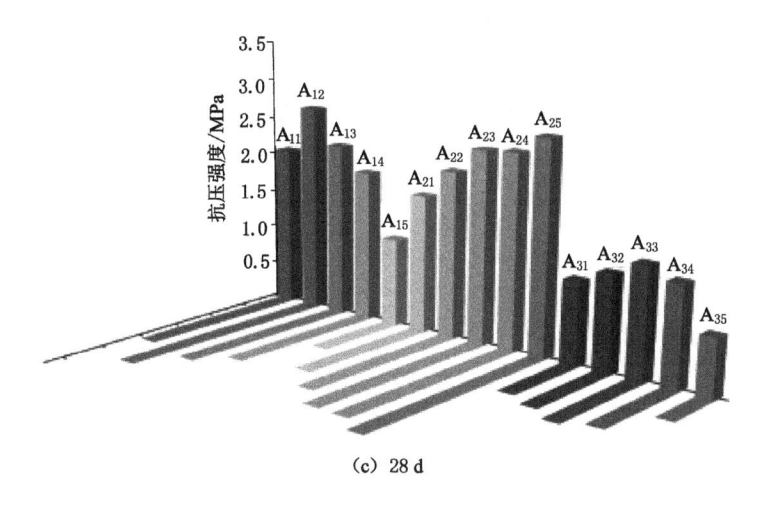

图 3-16(续)

## 3.7 MSWI FA(S)基固化体的 XRD 图谱分析

图 3-17 显示了部分样品固化 28 d 后的 XRD 图谱,不同材料对 MSWI FA(S)基材料固化效果明显不同[$A_{11}$ 和 $A_{12}$ 为矿渣固化 MSWI FA(S)基固化体,$A_{21}$ 和 $A_{25}$ 为自燃煤矸石粉固化 MSWI FA(S)基固化体,$A_{31}$ 和 $A_{33}$ 为粉煤灰固化 MSWI FA(S)基固化体]。$A_{11}$ 和 $A_{12}$ 的主要聚合产物为硅酸盐凝胶(C—S—H)和硅铝酸盐凝胶(C—A—S—H)。$A_{21}$ 和 $A_{25}$ 的主要聚合产物为硅酸钙物相。$A_{31}$ 和 $A_{33}$ 的主要产物为钙矾石,除了钙矾石外还生成了其他矿物。由图 3-17 可以发现,矿渣在参与固化 MSWI FA(S)时,产生的结晶较少,与其他 XRD 图谱相比,结晶峰强度明显较低,继续观察 $A_{11}$ 和 $A_{12}$ 发现较为明显的硅酸盐强度峰,也与其抗压强度较高的事实相符。$A_{11}$ 和 $A_{12}$ 相比,后者各物相的结晶峰较低,且后者活性物质更加活跃,在聚合生成 C—S—H 凝胶的同时,还生成 C—A—S—H 凝胶,进一步说明矿渣固化 MSWI FA(S)基材料强度较高。观察 $A_{21}$ 和 $A_{25}$ 发现,随着生石灰质量的不断增加、自燃煤矸石粉质量逐渐减少,二氧化硅结晶峰降低,甚至有少部分二氧化硅结晶峰消失,说明生石灰在自燃煤矸石粉固化 MSWI FA(S)的聚合反应中起到关键性作用,$A_2$ 组后期聚合反应仍在继续,解释了 $A_{25}$ 组 28 d 龄期抗压强度相对较高的现象。观察发现,和其他组相比,$A_{31}$ 和 $A_{33}$ 组产物中产生了大量的钙矾石和多种矿物相,由于钙矾石在聚合反应进程中有很强的吸水性,吸水后导致体积膨胀,所以产生大量的钙矾石会使材料本身出现大

量微裂纹,甚至宏观裂缝,使材料稳定性降低,抗压强度也随之减小。在 $A_{33}$ 组中水合物氯铝酸钙结晶峰尤为明显,这在其他组并没有出现,可能是由于粉煤灰中含有丰富的 $Al_2O_3$,在生石灰激发 MSWI FA(S) 的作用下,发生了解聚-缩聚反应,产生了铝酸盐凝胶,与 MSWI FA(S) 中的残余 $Cl^-$ 反应生成了氯铝酸钙。

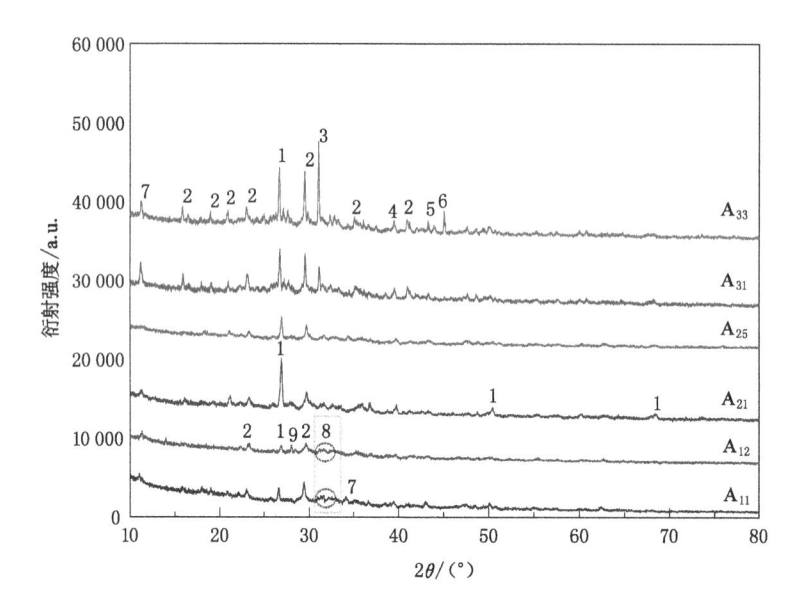

1—石英;2—钙矾石;3—蛭石;4—氯铝酸钙;5—氯硼钠石;6—砷铀矿;
7—石膏;8—硅酸盐物相;9—硅铝酸盐物相。

图 3-17 部分样品固化 28 d 后的 XRD 图谱

## 3.8 MSWI FA(S)基固化体的 FTIR 图谱分析

图 3-18 显示了矿渣、自燃煤矸石粉、粉煤灰分别固化垃圾焚烧飞灰基固化体 28 d 龄期的 FTIR 图谱。在 3 644 $cm^{-1}$ 处的吸收峰是 $Ca(OH)_2$ 对于三种固化体($A_{11}$、$A_{12}$、$A_{21}$、$A_{25}$、$A_{31}$、$A_{33}$)在 28 d 的伸缩振动峰[158]。3 404 $cm^{-1}$ 和 1 652 $cm^{-1}$ 处的吸收带与结晶水中的 O—H 键的伸缩振动和层间水中 H—O—H 的弯曲振动有关[159-160]。在 1 418 $cm^{-1}$ 和 872 $cm^{-1}$ 处的吸收带分别与 C—O 键的对称伸缩振动和 $CO_3^{2-}$ 的弯曲振动有关[160]。1 114 $cm^{-1}$ 处的吸收峰是钙矾石(AFt)中的 $SO_3$ 键的伸缩振动峰。900~1 200 $cm^{-1}$ 处的吸收带是一个典型的具有不对称伸缩振动特征的 Si—O 键,吸收峰在 900~980 $cm^{-1}$ 处可以归因于 Si—

O—Si、C—S—H凝胶及其聚合度变大时吸收峰走向更高的波数[161]。与其他组相对应的是$A_{12}$组28 d中C—S—H凝胶特征峰的延伸随着$Ca^{2+}$的不断增加逐渐变尖并向高波数方向移动。总体而言,在FTIR谱中显示,矿渣、自燃煤矸石粉、粉煤灰分别固化MSWI FA(S)基固化体整体差异不大,规律相似。

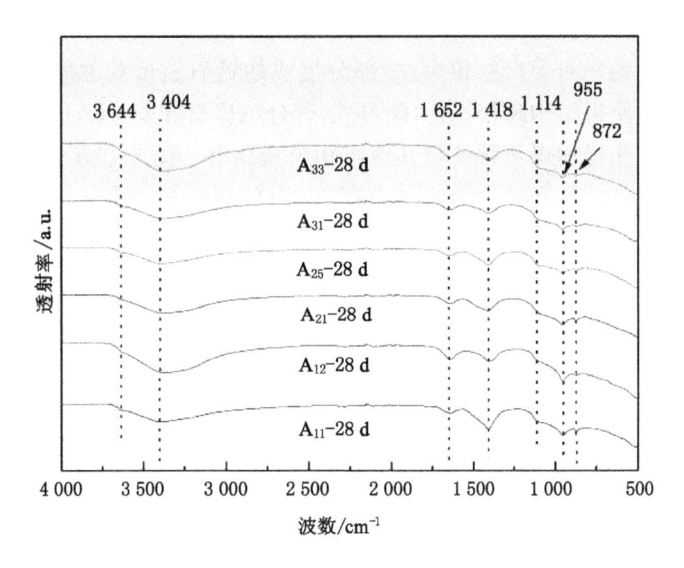

图 3-18　矿渣、自燃煤矸石粉、粉煤灰分别固化垃圾焚烧飞灰基固化体 28 d 龄期的 FTIR 图谱

## 3.9　MSWI FA(S)基固化体的 SEM-EDS 微观形貌分析

图 3-19 显示的是 A、B、C 三组中每组抗压强度最高的样品在 28 d 龄期时的微观形貌。随着固化龄期的增长,钙矾石由前期针状向棍棒状转化,经过长时间的聚合反应,后期少部分生成了片状钙矾石(AFm)[162],如图 3-19(a)中所示。随着固化龄期的增长,生成的 C—(A)—S—H 凝胶逐渐增多,同时与 AFt 从前期分离状态慢慢交织在一起,形成了致密且稳定的结构,如图 3-19(c)、(d)、(g)所示。由图 3-19(a)、(b)、(c)可以发现,生石灰激发矿渣固化 MSWI FA(S)时,众多的钙离子通过聚合反应与 Si—O 键和 Al—O 键相结合,形成了整体致密、稳定且复杂的结构,例如 C—S—H、C—A—S—H、AFt、AFm 和少量氯铝酸钙。氯铝酸钙在图 3-19(c)、(h)中表现为六边水合物,其数量随着反应龄期的增加而增加,尤其在生石灰激发下,粉煤灰固化 MSWI FA(S)时最为明显,形成十水氯铝酸钙($Ca_4Al_2O_6Cl_2 \cdot 10H_2O$)[163]。观察图 3-19(d)、(e)、(f)发现,在生石灰激发下,自

燃煤矸石粉固化 MSWI FA(S)时，除了提供稳定的钙源外，还有少部分没有反应的 $Ca(OH)_2$ 结晶，如图 3-19(e)所示，$Ca(OH)_2$ 结晶夹在图中所示裂缝中，很好地填充了裂隙。图 3-19(f)显示，28 d 龄期时，依然存在没有完全反应的自燃煤矸石粉，导致后期聚合反应不完全，使得固化体强度不高。由图 3-19(g)、(h)、(i)发现，在生石灰激发下，粉煤灰固化 MSWI FA(S)时，由于粉煤灰为低钙粉煤灰，因此与其他两组相比，钙矾石类产物较少，少部分生成的钙矾石形貌如图 3-19(g)所示，由内向外伸展，使得结构疏松，但由图可见，部分钙矾石和 C—(A)—S—H 凝胶包裹粉煤灰颗粒，使得粉煤灰颗粒与其他产物紧密结合。图 3-19(i)显示，基体孔隙和裂缝较多，并且裂缝和孔隙处发现钙矾石，使得结构疏松多孔，导致强度较低，聚合反应不完全。观察三组样品微观形貌，大多数裂缝及孔隙处发现有钙矾石生成，可能由于生成钙矾石时需要吸收大量水分，导致体积膨胀，产生裂缝，最终抗压强度较低，粉煤灰固化 MSWI FA(S)时最为明显，这一结论与试样的抗压强度试验结果规律一致。由于生成大量的钙矾石，使不同组别的样品固化重金属效果有差异，从图 3-19(a)、(b)、(c)中可以发现，聚合产物凝胶与钙矾石结合最为紧密，因此对应重金属浸出结果来看，生石灰与矿渣协同作用固化样品中各类重金属的效果最好。

(a) $A_{12}$-28 d (1)

(b) $A_{12}$-28 d (2)

(c) $A_{12}$-28 d (3)

(d) $A_{25}$-28 d (1)

图 3-19　$A_{12}$-28 d、$A_{25}$-28 d 和 $A_{33}$-28 d 不同材料固化 MSWI FA(S)时的微观形貌

(e) $A_{25}$-28 d(2)

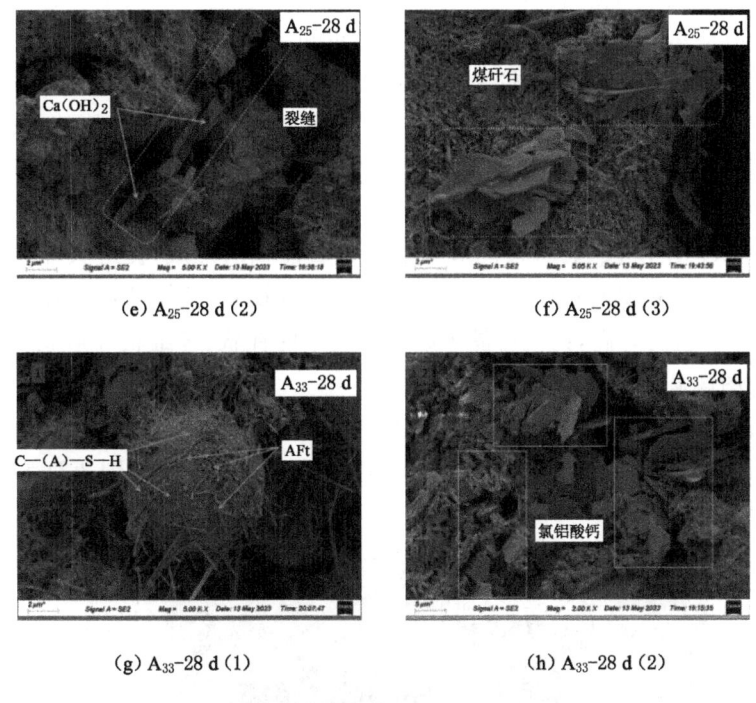

(f) $A_{25}$-28 d(3)

(g) $A_{33}$-28 d(1)

(h) $A_{33}$-28 d(2)

(i) $A_{33}$-28 d(3)

图 3-19(续)

综上所述,根据图 3-19 可知,聚合反应中除了生成大量的凝胶产物外,还生成了部分钙矾石,钙矾石形成过程中会发生体积膨胀。根据已有理论可知[164],在靠近原始含氧化铝相表面会形成较为细小的钙矾石相,原因是孔隙溶液中的 $Ca(OH)_2$ 浓度高,析晶速度高于铝酸根离子离开原始含氧化铝相表面的速度,钙矾石成团地生长产生较大的体积膨胀;而在 $Ca(OH)_2$ 浓度低于饱和浓度时会形成较为粗大的钙矾石相,原因是析晶速度较慢,铝酸根离子可以扩散而离开原始含氧化铝相,使钙矾石相较为分散地析出,它们的交叉生长也能产生体积膨胀,但是其膨胀较小。基于 SEM 图像可知,在生石灰激发下三种材料分别固化 MSWI FA(S),呈现出较为密实的结构,裂缝较少,存在少许微裂缝,与后者膨胀现象吻合。根据现有理论也能推断钙硅比对抗压强度的影响规律,随着 $Ca^{2+}$ 含量的不断增多,生成的 $Ca(OH)_2$ 浓度随之升高,引起钙矾石相膨胀,导致整体结构不稳定,出现裂缝,强度降低。有研究表明,钙矾石晶体的形成分为成核和生长两个阶段,氢氧根能够参与钙矾石晶核的形成,促进其晶核的形成速度加快[165]。钙矾石单个晶体的生长速度相对较慢,整体的成核速度相对较快,随着 pH 值的升高,钙矾石晶体趋向于细小的针状、纤维状等形貌[166],与本书 SEM 图像显示相符,符合科学规律。

为进一步阐明最优配合比试样中的微观形态和凝胶产物,采用 SEM-EDS 技术测定了 $A_{12}$-28 d、$A_{25}$-28 d 和 $A_{33}$-28 d 三组样品,如图 3-20、图 3-21 和图 3-22 所示。

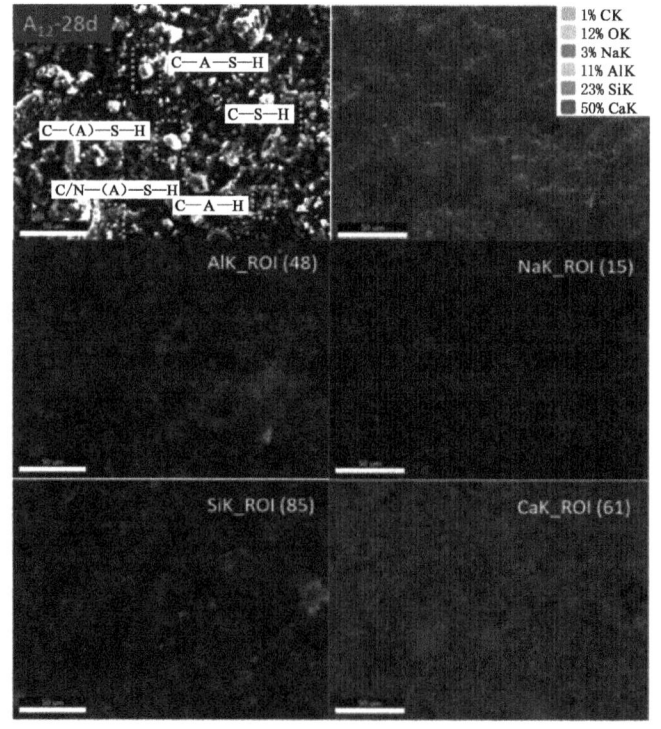

(a) 元素分布

图 3-20　$A_{12}$-28 d 样品的 SEM-EDS 元素组成与元素分布图

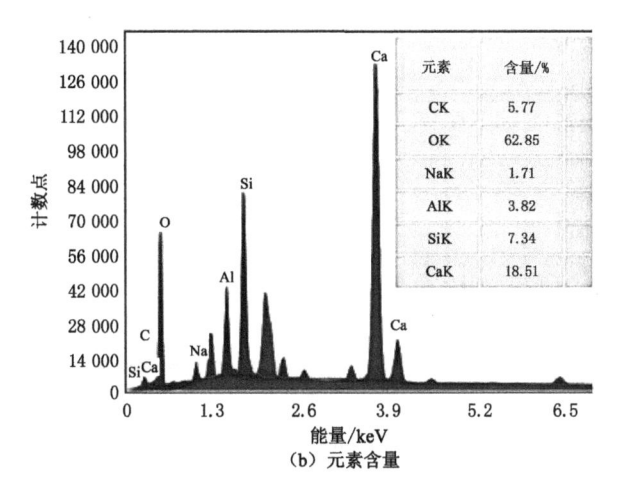

| 元素 | 含量/% |
|---|---|
| CK | 5.77 |
| OK | 62.85 |
| NaK | 1.71 |
| AlK | 3.82 |
| SiK | 7.34 |
| CaK | 18.51 |

(b) 元素含量

图 3-20(续)

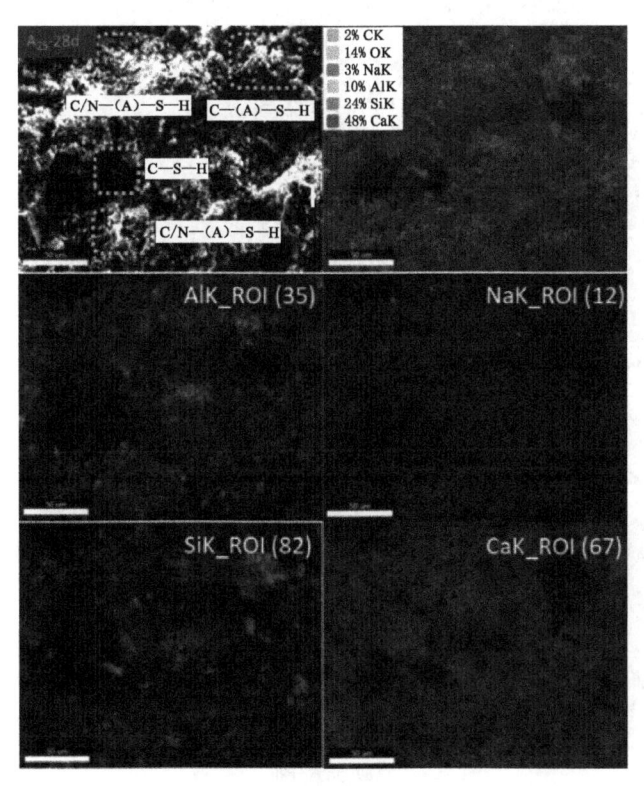

(a) 元素分布

图 3-21 $A_{25}$-28 d 样品的 SEM-EDS 元素组成与元素分布图

(b) 元素含量

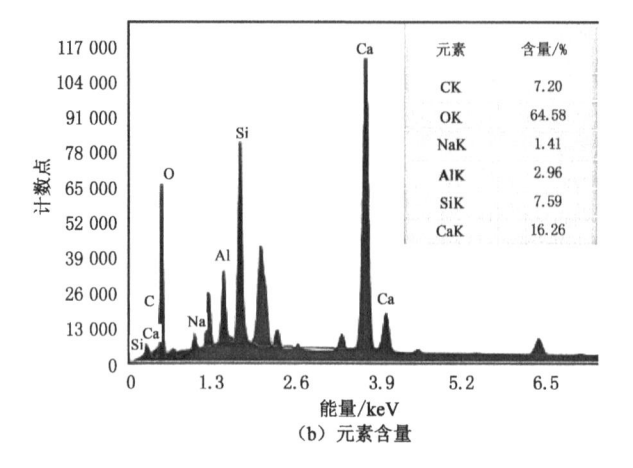

图 3-21(续)

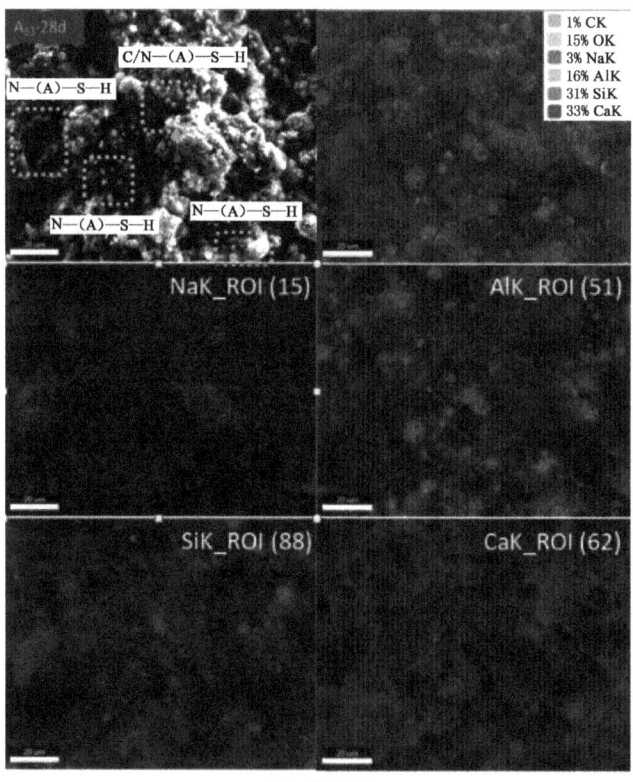

(a) 元素分布

图 3-22 A₃₃-28 d 样品的 SEM-EDS 元素组成与元素分布图

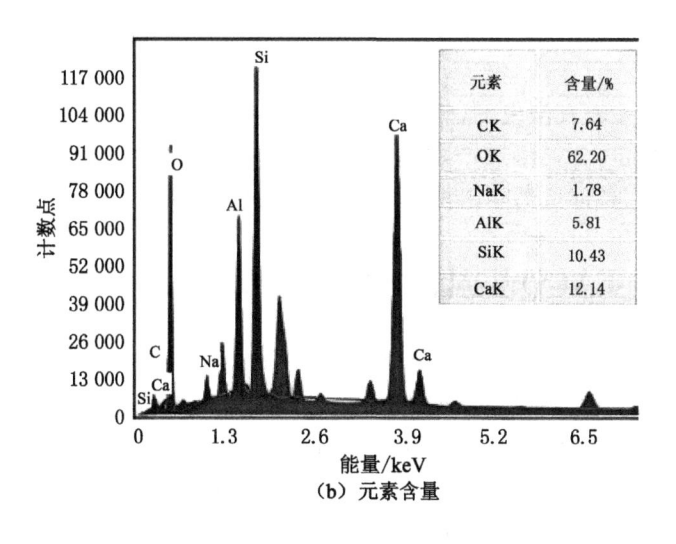

| 元素 | 含量/% |
|---|---|
| CK | 7.64 |
| OK | 62.20 |
| NaK | 1.78 |
| AlK | 5.81 |
| SiK | 10.43 |
| CaK | 12.14 |

(b) 元素含量

图 3-22（续）

首先观察图 3-20 发现，该样品聚合产物较多，尤其是凝胶产物较多，例如硅酸钙凝胶（C—S—H）、硅铝酸钙凝胶（C—A—S—H）以及少量的硅酸钠凝胶（N—S—H）和硅铝酸钠凝胶（N—A—S—H）。图中显示钙离子偏多，这说明矿渣固化 MSWI FA(S) 时，生石灰作为激发剂，提供了足够的活性 $Ca^{2+}$ 和活性 $Si^{4+}$，通过 EDS 面扫，得知钙硅比为 2.52（与上述整体钙硅比相似），使聚合物凝胶更加丰富，充满样品的每个角落。这与 XRD、FTIR 的微观测试结果一致，也与抗压强度宏观测试结果吻合，$A_{12}$ 组是所有样品中抗压强度最高的。其次观察图 3-21 发现，样品中聚合产物由硅酸钙凝胶（C—S—H）、硅铝酸钙凝胶（C—A—S—H）以及少量的硅酸钠凝胶（N—S—H）和少许硅铝酸钠凝胶（N—A—S—H）组成。随着生石灰掺量逐渐增大，为缺少 CaO 的自燃煤矸石粉补充了大量的 $Ca^{2+}$，使得生石灰掺量最大的配合比生成了多种聚合产物。通过 EDS 面扫，分析了聚合产物元素，扫描界面的钙硅比为 2.14（与上述整体钙硅比相似），和上述 SEM 得出的形貌特征一致。最后观察图 3-22 发现，样品中聚合产物为硅酸钙凝胶（C—S—H）、硅铝酸钙凝胶（C—A—S—H），其聚合产物比前两种材料固化样品数量少，而硅酸钠凝胶（N—S—H）和硅铝酸钠凝胶（N—A—S—H）却相对较多。对应上述抗压强度规律，比前两种材料抗压强度降低，可能是因为主要支持强度的硅酸钙凝胶（C—S—H）和硅铝酸钙凝胶（C—A—S—H）生成量较少，降低了抗压强度。该扫描面钙硅比为 1.16，而粉煤灰固化 MSWI FA(S) 样品中整体钙硅比为 1.7，与扫描面钙硅比偏差较大,说明整体样品产生的聚合产物不均匀,结构稳定性较低,间接导致其抗压强度偏低。

综上所述,在生石灰激发下,矿渣与自燃煤矸石粉固化 MSWI FA(S)效果较好,结构比较稳定,含钙凝胶产物较多;而粉煤灰固化 MSWI FA(S)效果较差,结构比较松散,各部位钙硅比相差较大,含钙凝胶产物较少。

## 3.10　MSWI FA(S)基固化体的重金属固化特性分析

表 3-5 是通过电感耦合等离子体发射光谱仪(ICP-OES)测得的不同材料固化 MSWI FA(S)的固化体重金属浸出浓度,由表可知,重金属 Zn、Cu、Cd、Cr、Ni 在 $A_{12}$、$A_{25}$、$A_{33}$ 固化体中的浸出浓度均低于标准 GB 16889—2024 和 GB 18598—2019 中规定的限值。对于重金属 Pb,只有 $A_{12}$ 固化体中重金属 Pb 达到 GB 16889—2024 和 GB 18598—2019 标准限值;$A_{25}$ 固化体中重金属 Pb 高于 GB 16889—2024 标准限值,却低于 GB 18598—2019 标准限制;$A_{33}$ 固化体中重金属 Pb 超出了 GB 16889—2024 和 GB 18598—2019 标准限值。

表 3-5　不同材料固化 MSWI FA(S)的固化体重金属浸出浓度　　单位:mg/L

| MSWI FA(S)中的重金属 | Zn | Cu | Pb | Cr | Cd | Ni |
| --- | --- | --- | --- | --- | --- | --- |
| 重金属总含量 | 5 774 | 1 369 | 692 | 357 | 89 | 124 |
| MSWI FA(S)浸出浓度(HJ/T 300—2007) | 129.30±3.44 | 15.40±0.47 | 10.30±1.50 | 7.10±0.03 | 1.36±0.28 | 1.23±0.03 |
| $A_{12}$浸出浓度(HJ/T 300—2007) | 1.95±0.28 | 3.11±0.38 | 0.109±0.02 | 0.61±0.07 | 0.079±0.01 | 0.063±0.009 |
| $A_{25}$浸出浓度(HJ/T 300—2007) | 2.36±0.29 | 3.18±0.43 | 0.96±0.14 | 0.98±0.09 | 0.085±0.01 | 0.097±0.01 |
| $A_{33}$浸出浓度(HJ/T 300—2007) | 5.79±0.33 | 6.55±0.25 | 2.79±0.41 | 2.11±0.13 | 0.135±0.03 | 0.126±0.04 |

表 3-5(续)

| MSWI FA(S)中的重金属 | Zn | Cu | Pb | Cr | Cd | Ni |
|---|---|---|---|---|---|---|
| 标准限值<br>(GB 16889—2024) | 100 | 40 | 0.25 | 4.5 | 0.15 | 1.5 |
| 标准限值<br>(GB 18598—2019) | 120 | 120 | 1.2 | 15 | 0.6 | 2 |

综上所述，$A_{12}$固化体重金属浸出浓度符合标准 GB 16889—2024 和 GB 18598—2019 的要求。

大量研究表明，重金属以酸提取态、可还原态、可氧化态、残渣态的形态存在于固化体中，其中酸提取态最易浸出，而残渣态能较稳定地存在于环境中[167]。根据刘建等[168]的试验方法，通过动态浸出试验装置测得重金属浸出情况，由于浸出液的 pH 值不同，重金属的浸出浓度也有所不同，其中，当 pH 值为 5.5 时，随着时间的增长重金属浸出浓度呈先增大后减小的趋势，最终趋于平稳。结合本书的 MSWI FA(S)基固化体，可预测到重金属浓度的变化规律与之相似。

重金属的固化稳定机理包括物理固封、吸附作用、同晶置换作用和化学药剂稳定等方法。本书通过分析 ICP-OES 测试、抗压强度测试、XRD 测试、FTIR 测试、SEM-EDS 测试和全元素面扫结果，发现矿渣、自燃煤矸石粉、粉煤灰等富含硅铝酸盐的原材料在生石灰激发作用下，其中的硅氧键和铝氧键断裂之后会重新组合成硅氧四面体和铝氧四面体，从而形成 MSWI FA(S)基固化体。MSWI FA(S)基固化体中 C—S—H、C—A—S—H、N—S—H、N—A—S—H、AFt 和 AFm 等凝胶产物与大量环状分子结合，形成封闭的三维网状空腔，该空腔可以包裹重金属和其他有毒物质，以达到固化效果[169]。凝胶是具有高比表面积的无定形胶状微孔材料，可以物理吸附大量的阳离子和阴离子。在 C—S—H 凝胶结构中，$Zn^{2+}$ 可以取代 $Ca^{2+}$，从而被固定[170]。C—A—S—H 凝胶结构中的碱金属和碱土金属离子与晶体的结合力很弱，所以 C—A—S—H 具有很强的离子交换能力[169,171]。钙矾石具有离子交换的能力，可能发生在 $Al^{3+}$、$Ca^{2+}$ 和 $SO_4^{2-}$ 的位置。其中，$Pb^{2+}$、$Cd^{2+}$、$Zn^{2+}$ 和 $Cr^{3+}$ 等阳离子可以替代 $Ca^{2+}$ 和 $Al^{3+}$，而 $Cr_2O_4^{2-}$ 等阴离子团可替代 $SO_4^{2-}$。结合 XRD 图谱和 SEM-EDS 分析，固化体整体强度不高，但固化效果较好，原因可能是在聚合过程中生成部分钙矾石,将重金属以及重金属化合物固封在了钙矾石基体中,并发生上述离子交换过程(同晶交换作用),从而使固化体的重金属浸出浓度符合国家标准。图 3-23 为凝胶物质吸附重金属的微观示意图。

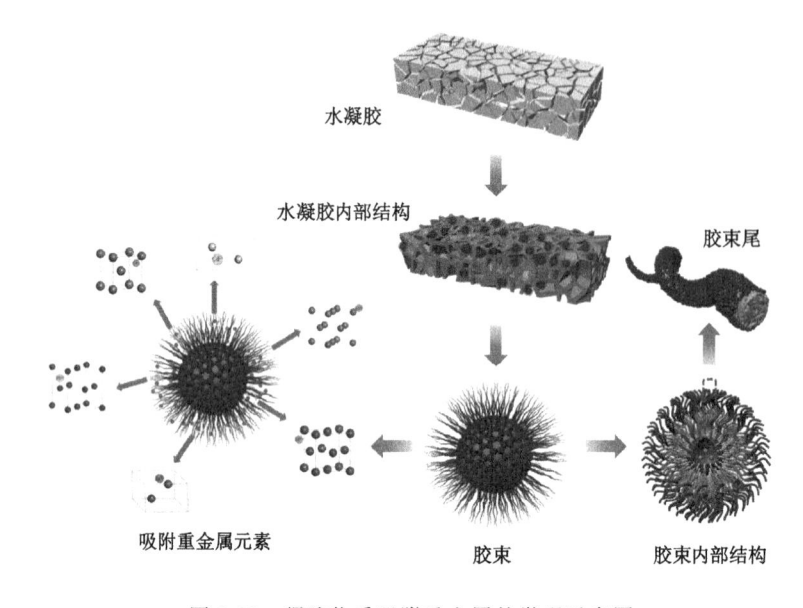

图 3-23　凝胶物质吸附重金属的微观示意图

## 3.11　本章小结

本章进行了一系列试验来比较生石灰激发下,矿渣、自燃煤矸石粉和粉煤灰三种材料对 MSWI FA(S)基固化体的固化/稳定化作用,得出结论如下:

(1) 五种激发剂分别配合水洗工艺,采用各激发剂掺量为 1%、水灰比取 3∶1 进行试验,以氯离子和铝单质的去除率以及垃圾焚烧飞灰中氧化物变化特征为依据,选取氢氧化钠协同水洗工艺最优配合比,最终满足试验要求。

(2) 垃圾焚烧飞灰成分复杂,重金属含量偏高,处置难度大。垃圾焚烧飞灰通过预处理后,重金属含量大幅度降低,可满足污染物填埋标准。矿渣、自燃煤矸石粉和粉煤灰分别在生石灰的激发下固化 MSWI FA(S),强度最高配合比为 $A_{12}$,其 28 d 抗压强度为 2.787 MPa,钙硅比为 2.24。通过分析 ICP-OES 测试、XRD 测试、FTIR 测试、SEM-EDS 测试和全元素面扫结果,发现在生石灰激发下,聚合反应生成 C—S—H、C—A—S—H、N—S—H、N—A—S—H 以及 AFt 和 AFm 等凝胶产物,将 MSWI FA(S)中重金属通过物理固封、吸附作用、同晶交换作用等方式,以各种形式固化在凝胶产物中。

(3) MSWI FA(S)基固化体在重金属固化/稳定化方面效果优异,具有经济、低碳、节能、环保等优点,具有广泛的工程应用前景。但是,进一步研究时,可以加入适量化学药剂来辅助固化体稳定重金属,预防重金属随着时间的增长向外浸出,从而污染地下水和土壤,给人们健康带来不可逆转的伤害。

# 4 垃圾焚烧飞灰胶砂试验及重金属离子固化机理研究

基于上一章胶凝材料试验研究结果,缩小选用的自变量取值范围,通过正交设计开展垃圾焚烧飞灰胶砂试验。通过极差、方差和灰色关联度分析探究各因素对胶砂强度的影响程度,并结合重金属浸出浓度得到胶凝材料的最优配合比;通过分子动力学模拟,探究重金属的浸出过程,并对重金属的吸附机制进行分析,同时对胶凝材料微观机理进行表征。研究结果为垃圾焚烧飞灰基胶凝材料工程应用提供了理论支持与科学依据。

## 4.1 试验方案

### 4.1.1 试验设计

垃圾焚烧飞灰基胶砂试验以 $A$ 矿渣掺量、$B$ 水玻璃模数和 $C$ 用碱量为试验因素,其中矿渣掺量选取 40%、50 和 60%,水玻璃模数选取 1.1、1.2 和 1.3,用碱量选取 4%、6% 和 8%。固定胶凝材料与标准砂比例为 1∶3。以胶砂试件 3 d、28 d 抗折强度和抗压强度为研究目标,开展三因素三水平的 9 组正交试验并得到胶凝材料的最优配合比。正交试验因素水平见表 4-1,正交试验设计见表 4-2。

表 4-1 正交试验因素水平表

| 水平 | 因素 | | |
| --- | --- | --- | --- |
| | $A$ 矿渣掺量/% | $B$ 水玻璃模数 | $C$ 用碱量/% |
| 1 | 40 | 1.1 | 4 |
| 2 | 50 | 1.2 | 6 |
| 3 | 60 | 1.3 | 8 |

表 4-2　正交试验设计表

| 试验编号 | A 矿渣掺量/% | B 水玻璃模数 | C 用碱量/% | 空白列 |
|---|---|---|---|---|
| 1 | 1(40%) | 1(1.1) | 1(4%) | 1 |
| 2 | 1 | 2(1.2) | 2(6%) | 2 |
| 3 | 1 | 3(1.3) | 3(8%) | 3 |
| 4 | 2(50%) | 1 | 2 | 3 |
| 5 | 2 | 2 | 3 | 1 |
| 6 | 2 | 3 | 1 | 2 |
| 7 | 3(60%) | 1 | 3 | 2 |
| 8 | 3 | 2 | 1 | 3 |
| 9 | 3 | 3 | 2 | 1 |

### 4.1.2　试验流程

本试验参照《水泥胶砂强度检验方法》(GB/T 17671—2021)[172]，将备好的垃圾焚烧飞灰、矿渣和提前配置好的复合激发剂溶液混合后倒入搅拌锅中，先慢速搅拌 30 s，将标准砂倒入砂孔，再快速搅拌 30 s。将搅拌机停机 90 s，停机时用刮板将锅壁、锅底和叶片上的砂浆刮到锅内。然后进行 60 s 的高速搅拌，混合均匀。将胶砂分两次浇筑到 40 mm×40 mm×160 mm 的标准模具中，然后将其放在振动台上振捣大约 60 s，最后用刮削器将其平整。将配制好的胶砂试样置于养护箱内，在温度为(20±2)℃、湿度≥95% 的环境中养护，24 h 取出脱模后，养护至规定龄期。胶砂试件制备流程及胶砂试件成品分别如图 4-1 和图 4-2 所示。

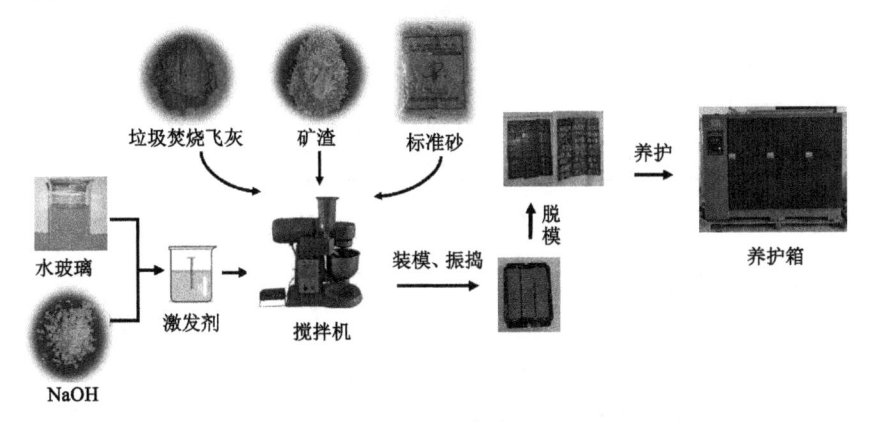

图 4-1　胶砂试件制备流程

图 4-2 制备完成的胶砂试件

### 4.1.3 试验结果

将养护至 3 d 和 28 d 龄期的胶砂试件采用万能压力试验机测试其抗折强度和抗压强度。试验结束后得到各龄期胶砂试件的抗折强度和抗压强度见表 4-3。

表 4-3 胶砂试件 3 d、28 d 龄期单轴抗压强度和抗折强度的测试结果

| 试验编号 | 3 d 抗折强度/MPa | 3 d 抗压强度/MPa | 28 d 抗折强度/MPa | 28 d 抗压强度/MPa |
|---|---|---|---|---|
| 1 | 0.63 | 3.89 | 1.87 | 7.71 |
| 2 | 1.38 | 6.13 | 3.31 | 10.01 |
| 3 | 0.98 | 5.53 | 2.76 | 9.97 |
| 4 | 2.37 | 9.65 | 4.59 | 14.71 |
| 5 | 2.18 | 8.61 | 4.03 | 14.36 |
| 6 | 1.94 | 8.98 | 3.51 | 14.27 |
| 7 | 3.57 | 13.54 | 5.04 | 19.67 |
| 8 | 3.05 | 13.03 | 4.83 | 19.13 |
| 9 | 4.26 | 14.06 | 5.92 | 19.92 |

## 4.2 极差和方差分析

胶砂试件抗折强度的极差和方差分析见表 4-4,各因素对胶砂试件抗折强度的影响关系曲线如图 4-3 所示。据表 4-4 和图 4-3 可知：试验最优配合比组合为 $A_3B_3C_2$,即矿渣掺量为 60%、水玻璃模数为 1.3、用碱量为 6%;各因素对

试件抗折强度影响程度的主次顺序为矿渣掺量＞用碱量＞水玻璃模数。养护龄期为 3 d 时,因素 A 的显著性概率 P 值小于 0.01,因素 B、C 的 P 值均大于 0.01,所以矿渣掺量对胶砂 3 d 抗折强度的影响极其显著,用碱量和水玻璃模数的影响次之。养护龄期为 28 d 时,因素 A 的显著性概率 P 值小于 0.01,因素 C 的 P 值小于 0.05,因素 B 的 P 值大于 0.05,说明矿渣掺量对胶砂试件抗折强度达到极其显著的影响水平,用碱量影响次之,水玻璃模数影响不显著。

表 4-4  胶砂试件抗折强度的极差和方差分析

| 因变量 | 3 d 抗折强度 | | | 28 d 抗折强度 | | |
|---|---|---|---|---|---|---|
| 试验号 | $A$ | $B$ | $C$ | $A$ | $B$ | $C$ |
| K1 | 0.10 | 2.19 | 1.87 | 2.65 | 3.83 | 3.40 |
| K2 | 2.16 | 2.20 | 2.67 | 4.04 | 4.06 | 4.61 |
| K3 | 3.63 | 2.39 | 2.24 | 5.26 | 4.06 | 3.94 |
| 极差 | 2.63 | 0.2 | 0.80 | 2.62 | 0.23 | 1.20 |
| 主次顺序 | $A>C>B$ | | | | | |
| 最优组合 | $A_3B_3C_2$ | | | | | |
| 偏差平方和 | 10.42 | 0.08 | 0.95 | 10.29 | 0.10 | 2.18 |
| 自由度 | 2 | 2 | 2 | 2 | 2 | 2 |
| $F$ 值 | 129.99 | 0.97 | 11.90 | 396.29 | 3.96 | 83.98 |
| $P$ 值 | 0.007 6 | 0.508 0 | 0.077 5 | 0.002 5 | 0.201 6 | 0.011 8 |
| 显著性 | ＊＊＊ | —— | ＊＊ | ＊＊＊ | —— | ＊＊ |

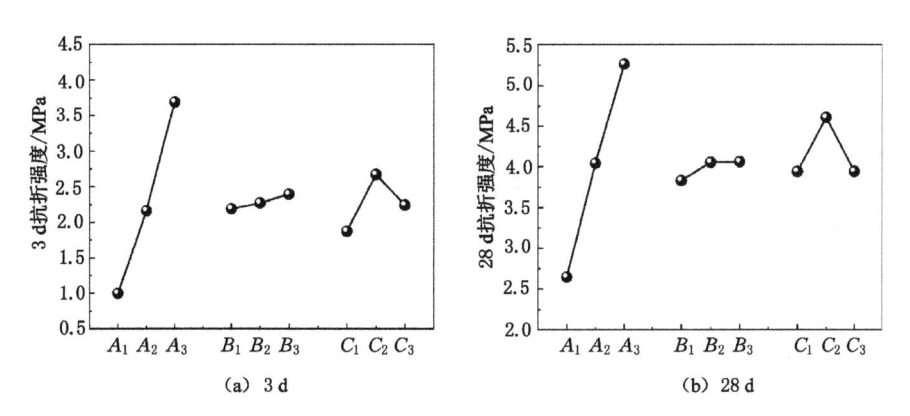

注:"＊＊＊"代表极其显著;"＊＊"代表显著;"——"代表不显著。

图 4-3  各因素对胶砂试件抗折强度的影响关系曲线

胶砂试件抗压强度的极差和方差分析见表 4-5，各因素对胶砂试件抗压强度的影响关系曲线如图 4-4 所示。根据表 4-5 和图 4-4 可知：胶砂试件的最优配合比组合为 $A_3B_3C_2$，即矿渣掺量为 60%、水玻璃模数为 1.3、用碱量为 6%；各因素对胶砂试件 3 d 和 28 d 龄期抗压强度影响程度的主次顺序为矿渣掺量＞用碱量＞水玻璃模数，这与极差分析结果一致。因素 A 的显著性概率 P 值小于 0.01，表明矿渣掺量对试件 3 d、28 d 龄期抗压强度的影响极其显著。

表 4-5 胶砂试件抗压强度的极差和方差分析

| 因变量 | 3 d 抗压强度 | | | 28 d 抗压强度 | | |
| --- | --- | --- | --- | --- | --- | --- |
| 试验号 | A | B | C | A | B | C |
| K1 | 5.18 | 9.03 | 8.63 | 9.23 | 14.03 | 13.70 |
| K2 | 9.08 | 9.26 | 9.95 | 14.45 | 14.5 | 14.88 |
| K3 | 13.54 | 9.52 | 9.23 | 19.57 | 14.72 | 14.67 |
| 极差 | 8.36 | 0.5 | 1.31 | 9.34 | 0.69 | 1.18 |
| 主次顺序 | A＞C＞B | | | | | |
| 最优组合 | $A_3B_3C_2$ | | | | | |
| 偏差平方和 | 104.99 | 0.37 | 2.60 | 160.48 | 0.75 | 2.36 |
| 自由度 | 2 | 2 | 2 | 2 | 2 | 2 |
| F 值 | 129.73 | 0.46 | 3.21 | 201.34 | 0.94 | 2.96 |
| P 值 | 0.007 6 | 0.685 9 | 0.237 7 | 0.004 9 | 0.516 7 | 0.252 6 |
| 显著性 | ＊＊＊ | —— | —— | ＊＊＊ | —— | —— |

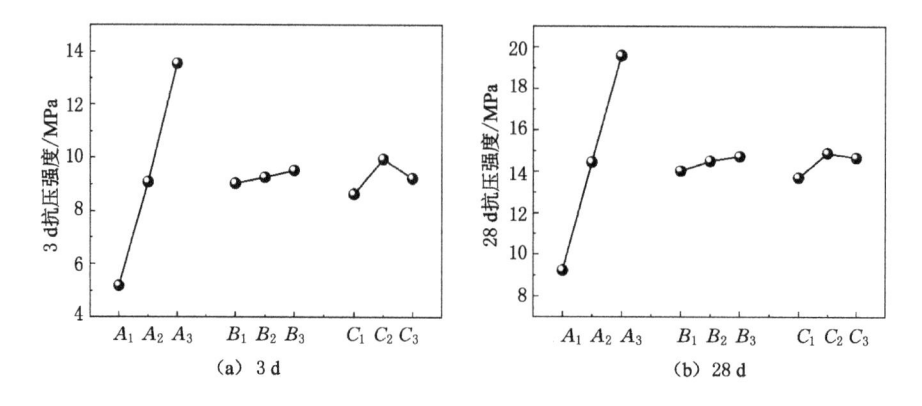

注："＊＊＊"代表极其显著；"＊＊"代表显著；"——"代表不显著。

图 4-4 各因素对胶砂试件抗压强度的影响关系曲线

## 4.3 灰色关联度分析

灰色关联度分析是一种多因素统计学分析法,又被称作邓氏灰色相关性分析模型[173],它通过分析各因素的样本数据,来评估这些因素对结果的影响程度,并确定它们的重要性顺序,从而指导样本有序发展。在分析过程中,选择一个参考序列(母序列)和多个比较序列(子序列),并计算它们之间的关联系数和关联度。

### 4.3.1 确立关联序列

关联序列按式(4-1)确立[174-175]:

$$\begin{cases} x_0 = \{x_0(1), x_0(2), \cdots x_0(n)\} \\ x_1 = \{x_1(1), x_1(2), \cdots x_1(n)\} \\ x_2 = \{x_2(1), x_2(2), \cdots x_2(n)\} \\ \vdots \\ x_n = \{x_n(1), x_n(2), \cdots x_n(n)\} \end{cases} \quad (4\text{-}1)$$

### 4.3.2 数据无量纲化处理[176-177]

无量纲处理包括归一化、均值化和中心化等方法。本书采取均值化处理方式,以避免各因素的单位和数量级不同对试验结果造成影响。对原始数列取平均值,用原始数列中每个数与平均值之比的组合作为新数列,该新数列与原数列呈无量纲的倍数关系。

原关联序列为:

$$x_1 = \{x_1(1), x_1(2), \cdots x_1(k)\} \quad (4\text{-}2)$$

求平均值,其计算公式为:

$$\begin{cases} \bar{x}_1 = \frac{1}{n} \sum_{k=1}^{n} x_1(k) \\ \bar{x}_2 = \frac{1}{n} \sum_{k=1}^{n} x_2(k) \\ \vdots \\ \bar{x}_n = \frac{1}{n} \sum_{k=1}^{n} x_n(k) \end{cases} \quad (4\text{-}3)$$

均值化后各序列如式(4-4)所示:

$$\begin{cases} \bar{y}_1 = \left\{ \dfrac{x_1(1)}{\bar{x}_1}, \dfrac{x_1(2)}{\bar{x}_1}, \cdots, \dfrac{x_1(k)}{\bar{x}_1} \right\} \\ \bar{y}_2 = \left\{ \dfrac{x_2(1)}{\bar{x}_2}, \dfrac{x_2(2)}{\bar{x}_2}, \cdots, \dfrac{x_2(k)}{\bar{x}_2} \right\} \\ \vdots \\ \bar{y}_n = \left\{ \dfrac{x_n(1)}{\bar{x}_n}, \dfrac{x_n(2)}{\bar{x}_n}, \cdots, \dfrac{x_n(k)}{\bar{x}_n} \right\} \end{cases} \quad (4\text{-}4)$$

### 4.3.3 计算关联系数[176-177]

求差序列(在 $k$ 时刻,任意两序列的绝对差值),即:

$$\Delta_i(k) = |\bar{y}_1(k) - \bar{y}_n(k)|, \Delta = \{\Delta_i(1), \Delta_i(2), \cdots, \Delta_i(n)\}, i = 1, 2, \cdots, m \quad (4\text{-}5)$$

各比较序列任意时刻最大差值与最小差值分别为 $D$ 和 $d$,如式(4-6)所示:

$$D = \max_i - \max_k \Delta_i(k), d = \min_i - \min_k \Delta_i(k) \quad (4\text{-}6)$$

关联系数为:

$$\varepsilon_i = \frac{d + \rho D}{\rho D + \Delta_i(k)} \quad (4\text{-}7)$$

式中:$\rho$ 为分辨系数,$0 < \rho < 1$,通常取 $0.5$;$k = 1, 2, \cdots, n$;$i = 1, 2, \cdots, m$。

### 4.3.4 求关联度

关联度是衡量子序列对母序列影响程度的重要指标,关联度越大,子序列对母序列影响效果越明显,其计算公式为[176-177]:

$$r_i = \frac{1}{n} \sum_{k=1}^{n} \varepsilon_i(k) \quad (4\text{-}8)$$

根据上述步骤,求解当胶砂试件 3 d、28 d 单轴抗压强度和抗折强度为母序列($X_1$、$X_2$、$X_3$、$X_4$),矿渣掺量、水玻璃模数和用碱量为子序列($X_5$、$X_6$、$X_7$)时的灰色关联度系数,将求得的灰色关联系数列于表4-6~表4-9中。

表 4-6 胶砂试件 3 d 抗折强度灰色关联系数

| 组别 | 矿渣掺量($X_5$) | 水玻璃模数($X_6$) | 用碱量($X_7$) |
| --- | --- | --- | --- |
| 1 | 0.501 | 0.447 | 0.580 |
| 2 | 0.760 | 0.579 | 0.579 |
| 3 | 0.595 | 0.442 | 0.360 |
| 4 | 0.977 | 0.837 | 0.977 |

表 4-6(续)

| 组别 | 矿渣掺量($X_5$) | 水玻璃模数($X_6$) | 用碱量($X_7$) |
| --- | --- | --- | --- |
| 5 | 0.999 | 0.593 | 0.933 |
| 6 | 0.821 | 0.720 | 0.759 |
| 7 | 0.587 | 0.438 | 0.700 |
| 8 | 0.813 | 0.609 | 0.430 |
| 9 | 0.429 | 0.389 | 0.365 |

表 4-7　胶砂试件 3 d 抗压强度灰色关联系数

| 组别 | 矿渣掺量($X_5$) | 水玻璃模数($X_6$) | 用碱量($X_7$) |
| --- | --- | --- | --- |
| 1 | 0.534 | 0.462 | 0.650 |
| 2 | 0.789 | 0.566 | 0.566 |
| 3 | 0.699 | 0.468 | 0.362 |
| 4 | 0.976 | 0.811 | 0.976 |
| 5 | 0.909 | 0.909 | 0.518 |
| 6 | 0.999 | 0.628 | 0.897 |
| 7 | 0.636 | 0.439 | 0.806 |
| 8 | 0.697 | 0.517 | 0.361 |
| 9 | 0.584 | 0.499 | 0.452 |

表 4-8　胶砂试件 28 d 抗折强度灰色关联系数

| 组别 | 矿渣掺量($X_5$) | 水玻璃模数($X_6$) | 用碱量($X_7$) |
| --- | --- | --- | --- |
| 1 | 0.510 | 0.432 | 0.641 |
| 2 | 0.945 | 0.678 | 0.678 |
| 3 | 0.776 | 0.467 | 0.345 |
| 4 | 0.702 | 0.597 | 0.702 |
| 5 | 0.999 | 0.517 | 0.537 |
| 6 | 0.755 | 0.635 | 0.621 |
| 7 | 0.861 | 0.496 | 0.853 |
| 8 | 0.998 | 0.623 | 0.383 |
| 9 | 0.547 | 0.459 | 0.412 |

表 4-9  胶砂试件 28 d 抗压强度灰色关联系数

| 组别 | 矿渣掺量($X_5$) | 水玻璃模数($X_6$) | 用碱量($X_7$) |
| --- | --- | --- | --- |
| 1 | 0.581 | 0.469 | 0.723 |
| 2 | 0.767 | 0.525 | 0.525 |
| 3 | 0.762 | 0.463 | 0.344 |
| 4 | 0.953 | 0.770 | 0.953 |
| 5 | 0.999 | 0.667 | 0.801 |
| 6 | 0.982 | 0.789 | 0.511 |
| 7 | 0.696 | 0.429 | 0.925 |
| 8 | 0.731 | 0.508 | 0.337 |
| 9 | 0.663 | 0.531 | 0.469 |

基于上述关联系数表,按照式(4-8)和表 4-10[176-177],列出的关联度见表 4-11。由表 4-11 可知,矿渣掺量是各龄期(3 d 和 28 d)胶砂试件单轴抗压强度和抗折强度关联性最高的因素,其次是用碱量,最后是水玻璃模数,这与正交试验分析结果一致。

表 4-10  灰色关联性评价标准

| $\gamma_i$ | 关联性评价 |
| --- | --- |
| >0.85 | 高 |
| 0.7~0.85 | 较高 |
| 0.6~0.7 | 一般 |
| 0.5~0.6 | 较强 |
| <0.5 | 弱 |

表 4-11  各因素的灰色关联度

| 影响因素 | 评价项目 | 关联度 | 关联性评价 |
| --- | --- | --- | --- |
| 矿渣掺量 | 3 d 抗折强度 | 0.720 | 较高 |
| | 3 d 抗压强度 | 0.758 | 较高 |
| | 28 d 抗折强度 | 0.788 | 较高 |
| | 28 d 抗压强度 | 0.793 | 较高 |

表 4-11(续)

| 影响因素 | 评价项目 | 关联度 | 关联性评价 |
|---|---|---|---|
| 水玻璃模数 | 3 d 抗折强度 | 0.562 | 较强 |
| | 3 d 抗压强度 | 0.588 | 较强 |
| | 28 d 抗折强度 | 0.545 | 较强 |
| | 28 d 抗压强度 | 0.572 | 较强 |
| 用碱量 | 3 d 抗折强度 | 0.631 | 一般 |
| | 3 d 抗压强度 | 0.621 | 一般 |
| | 28 d 抗折强度 | 0.575 | 较强 |
| | 28 d 抗压强度 | 0.621 | 一般 |

## 4.4 重金属浸出浓度测试分析

参照标准《固体废物 浸出毒性浸出方法 醋酸缓冲溶液法》(HJ/T 300—2007),将 pH 值为 2.64 的醋酸溶液与测试样品按照 20∶1 的比例均匀混合,置于温度为 25 ℃环境下以 30 r/min 的速度振荡 18 h,将浸出液用 0.45 μm 的滤纸过滤,后采用 ICP~MS 法测定其重金属浸出浓度。

表 4-12 为垃圾焚烧飞灰重金属含量及其浸出浓度,由表可知,垃圾焚烧飞灰中的重金属主要有 Cr、Cu、Zn、Cd、Ni 和 Pb,其中,预处理后的垃圾焚烧飞灰中 Cr、Pb 和 Cd 的浸出浓度均超出《地下水质量标准》(GB/T 14848—2017)中Ⅲ类地下水的允许值(以下均称标准限值)。

表 4-12 垃圾焚烧飞灰重金属含量及其浸出浓度

| 重金属类别 | Cr | Cu | Zn | Cd | Ni | Pb |
|---|---|---|---|---|---|---|
| 垃圾焚烧飞灰中的重金属含量/(mg/kg) | 510 | 2 030 | 8 960 | 129 | 161 | 606 |
| 预处理后垃圾焚烧飞灰中的重金属含量/(mg/kg) | 348 | 1 220 | 5 132 | 85 | 133 | 601 |
| 垃圾焚烧飞灰重金属浸出浓度/(μg/L) | 65 | 237 | 631 | 19 | 25 | 23 |
| 预处理后垃圾焚烧飞灰中重金属浸出浓度/(μg/L) | 52 | 198 | 443 | 13 | 18 | 16 |
| 标准限值/(μg/L) | 50 | 1 000 | 1 000 | 5 | 20 | 10 |

图 4-5 为胶砂试验中的 9 组试件经 28 d 养护后所测得的重金属浸出浓度。其中,黑色点划线为 Cd 浸出浓度标准限值,浅灰色点划线为 Pb 浸出浓度标准限值,深灰色点划线为 Cr 浸出浓度标准限值。由图 4-5 可以看出,在碱性条件

下,通过水解聚合反应,可显著降低垃圾焚烧飞灰中的重金属溶出,其溶出浓度随矿渣掺量的增大而减小,这是因为体系中的重金属主要以物理吸附和化学离子交换等反应形式被固化。当垃圾焚烧飞灰掺量减少时,重金属含量降低,同时矿渣掺量增加,体系中聚合反应程度提高,生成更多聚合产物,提高了重金属的固化效果。当矿渣掺量为60%时,固化体中重金属的固化效果最好,其中第9组重金属浸出浓度满足标准限值,再次验证了上述胶凝材料的最优配合比为$A_3B_3C_2$,即矿渣掺量为60%、水玻璃模数为1.3和用碱量为6%。

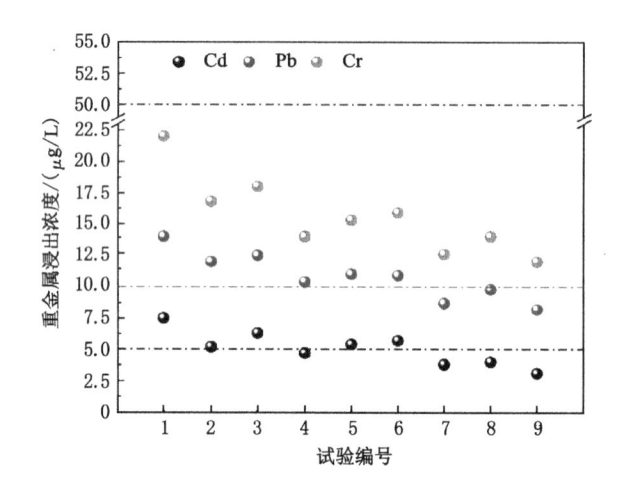

图4-5 28 d胶砂试件重金属浸出浓度

## 4.5 重金属浸出分子动力学模拟

地聚合物中硅铝酸盐凝胶对重金属具有较强的吸附功能,为研究重金属离子在纳米尺度上的浸出,分子动力学(MD)模拟被广泛应用。本节采用Materials Studio(MS)材料计算软件对重金属的浸出进行模拟,探究以C—A—S—H为例的硅铝酸盐凝胶对该垃圾焚烧飞灰中三种浸出浓度超标的重金属离子的吸附性能。

### 4.5.1 模型构建及模拟方法

以11 Å Tobermorite结构为初始模型,随机移除硅氧链上的桥接硅氧四面体和部分层间钙原子,从而创建了一个钙硅比为1.0的C—S—H初始模型。在C—S—H初始模型的部分硅氧链位置引入铝氧四面体,替换原有的硅氧四面体,为防止铝氧四面体间产生负电荷排斥,引入的铝氧四面体不能占据相邻位置,建立的初始C—A—S—H模型如图4-6所示。将建立的初始C—A—S—H模型沿 $X$ 轴、$Y$ 轴扩大两倍,$Z$ 轴不变,扩大为超晶胞模型并调整层间距,得到 22.548 Å×14.688 Å×22.936 Å 范围内的C—A—S—H模型,如图4-7所示,整个过程都在Compass力场下进行,并对整个模型进行结构优化,使结构达到能量收敛和最小。

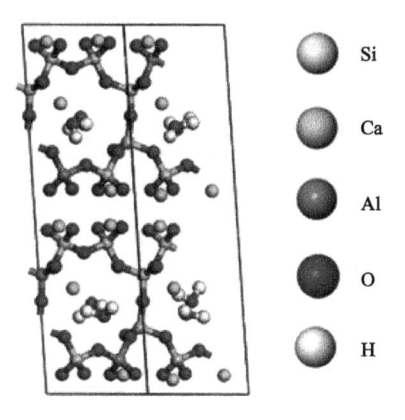

图4-6 初始C—A—S—H模型

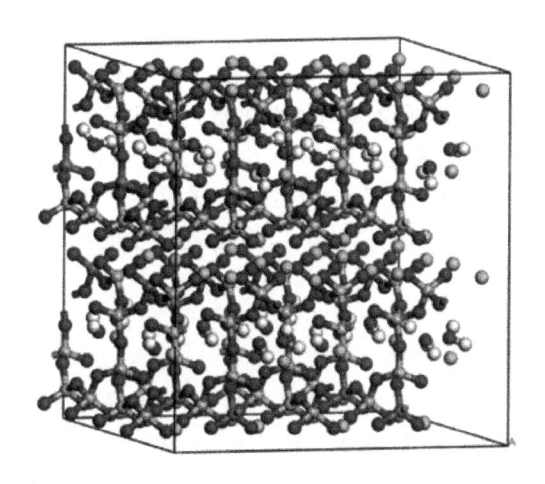

图4-7 C—A—S—H模型

通过Build模块Add Atoms向图4-8中已建好的C—A—S—H模型中分别随机加入Cr、Pb和Cd三种原子各两个,并对三种原子添加力场和电荷,使其具有正确的力场,成为 $Cr^{3+}$、$Pb^{2+}$ 和 $Cd^{2+}$,添加完三种重金属离子的复合

C—A—S—H模型如图4-8所示,并对整个模型进行结构优化,使结构达到能量收敛和最小,从而进行分子动力学模拟。

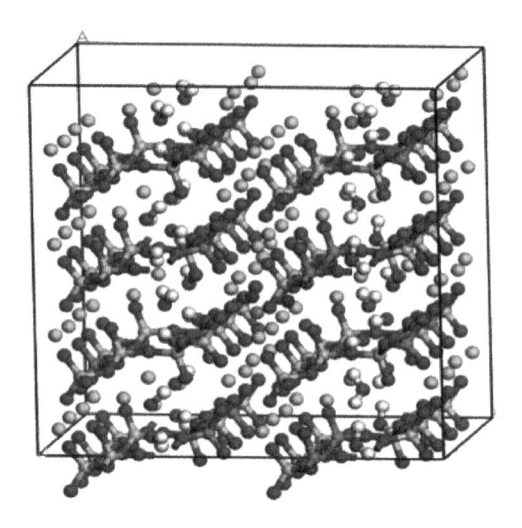

图4-8 复合C—A—S—H模型

### 4.5.2 重金属浸出模拟结果

MD模拟重金属离子($Cr^{3+}$、$Pb^{2+}$、$Cd^{2+}$)浸出过程如图4-9所示,从0 ps到300 ps,随着时间的延长,三种重金属离子逐渐从C—A—S—H模型盒子中扩散出去,表明随着时间的推移,重金属离子在扩散过程中克服所受到C—A—S—H的吸附作用,逐渐从模型中释放。在300 ps时,两个$Pb^{2+}$全部跑出盒子,$Cr^{3+}$和$Cd^{2+}$各有一个跑出盒子,但$Cr^{3+}$的运动位移明显大于$Cd^{2+}$的运动位移,因此,浸出速度排序为$Pb^{2+}>Cr^{3+}>Cd^{2+}$,间接表明相同离子浓度下Pb的浸出浓度最大。

### 4.5.3 吸附结果

吸附作用可以通过重金属离子与C—A—S—H凝胶中的氧原子形成配位键来实现。优化后的吸附模型展示了不同重金属离子与近邻氧原子的距离,如图4-10所示。从图4-10中可知,三种重金属离子与氧原子的距离分别为2.547 Å、2.142 Å和1.899 Å,按照从大到小的顺序排列,对应的金属离子依次为$Pb^{2+}$、$Cr^{3+}$和$Cd^{2+}$。通过距离数据可以推断出不同重金属离子在C—A—S—H凝胶结构上的吸附强度。距离越短,说明重金属离子与吸附位点之间的相互作用越强,吸附强度越大。因此,$Cd^{2+}$与氧原子的距离最短,表明它在C—A—S—H

凝胶结构上的吸附强度最大;$Pb^{2+}$与氧原子的距离最长,表明它在 C—A—S—H 凝胶结构上的吸附强度最小。C—A—S—H 凝胶对 Cr 的吸附作用相对前两者处于居中位置。

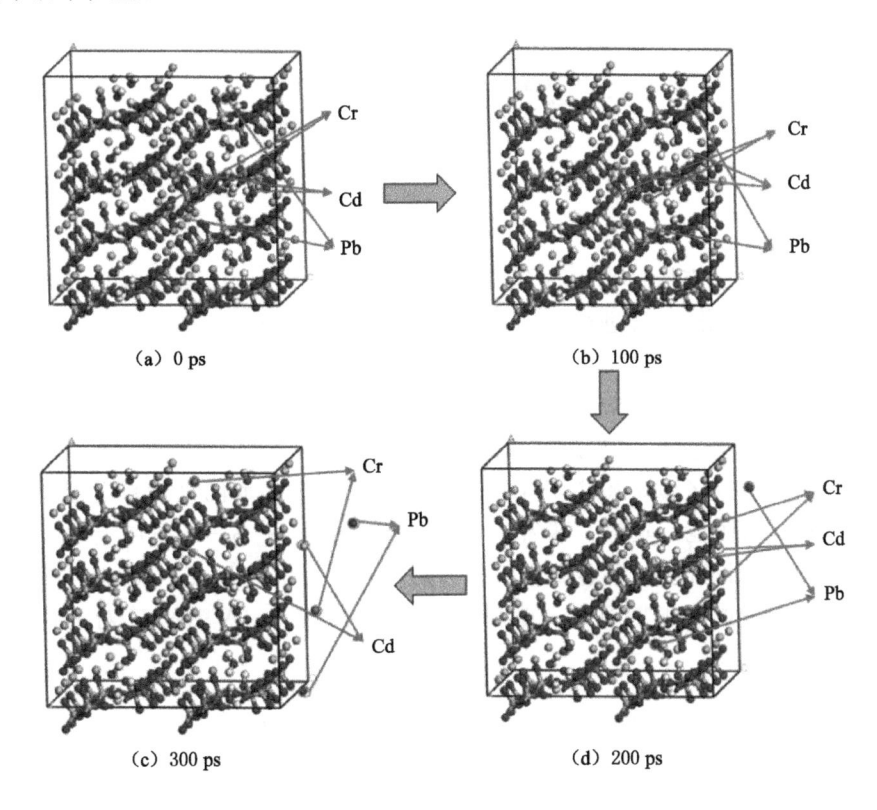

图 4-9 MD 模拟重金属浸出

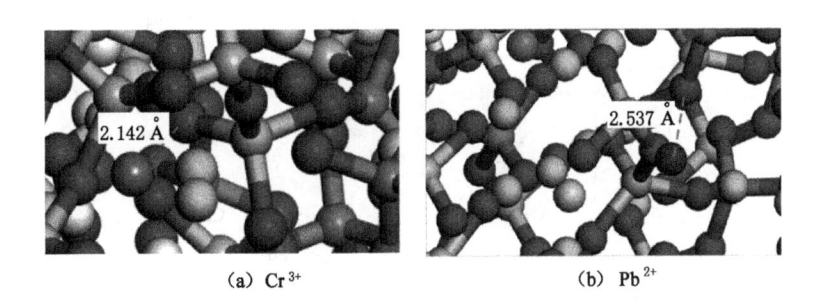

图 4-10 地聚合物吸附不同重金属离子

(c) $Cd^{2+}$

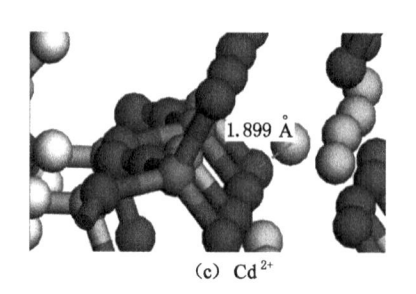

图 4-10(续)

为探索离子交换过程中重金属离子在 C—A—S—H 胶凝材料上的吸附机制,对体系的吸附能 $E_{ad}$ 进行量化分析,吸附能的计算公式[178-179]如下:

$$E_{ad} = E_{Sub+Met} - E_{Sub} - E_{Met} \qquad (4-9)$$

式中:$E_{Sub+Met}$ 指重金属离子吸附后整个体系的能量;$E_{Sub}$ 指 C—A—S—H 凝胶基底能量;$E_{Met}$ 指重金属离子的能量。

吸附能体现了重金属离子在 C—A—S—H 凝胶表面的吸附稳定性和反应的易行性。吸附能为负值意味着重金属离子在 C—A—S—H 凝胶上的吸附是放热的,且绝对值越大,重金属离子的吸附越容易发生[180]。C—A—S—H 对重金属的吸附能如图 4-11 所示。通过模拟分析,发现 C—A—S—H 对三种重金

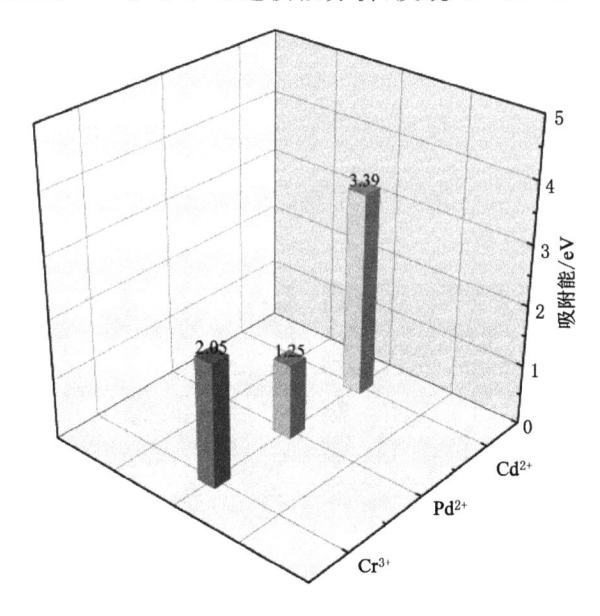

图 4-11 吸附能绝对值

属离子的吸附能均为负数,表明这些吸附过程均是自发的放热反应。在图 4-11 中,C—A—S—H 凝胶对 $Cd^{2+}$ 离子的吸附效果最显著,其固化效果最好,与试验结果相吻合。从环保和资源节约的角度考虑,使用地聚合物作为重金属离子的吸附剂,原材料成本低且容易获取,有利于地聚合物成为处理重金属离子污染的理想选择。

## 4.6 胶凝材料微观机理分析

### 4.6.1 XRD 分析

图 4-12 为最优配合比下不同养护龄期胶凝材料的 XRD 谱图,从图中可以看出,不同养护龄期下胶凝材料的 X 射线衍射峰形状基本相同,不同之处在于反应产物含量有所变化。将图中出现的主要结晶峰与 PDF 卡片进行比对,经分析,在 26.6°附近的衍射峰为石英(主要成分为 $SiO_2$),随着养护龄期的延长,衍射峰逐渐降低,取而代之的是 20°~35°处的包峰,表明活性 $SiO_2$ 不断参与聚合反应,Si—O 键断裂后与体系中的 $Ca^{2+}$ 和 $Al_2O_3$ 等活性物质聚合反应生成无定形的非晶相产物[54]。随着养护龄期增长,二水硫酸钙衍射峰逐渐降低,可能参与了体系中的水解聚合反应,生成了少量钙矾石等产物。体系中存在一定量的方解石(主要成分为 $CaCO_3$),可能是在养护期间试件发生了碳化。40°附近衍射峰为十水合氯铝酸钙($Ca_4Al_2O_6Cl_2 \cdot 10H_2O$)[141],可能是由于矿渣中的 $Al_2O_3$ 在碱激发作用下,通过聚合反应产生了铝酸盐,与垃圾焚烧飞灰中残余 $Cl^-$ 反应生成了少量氯铝酸钙。

### 4.6.2 FTIR 分析

图 4-13 为最优配合比下不同养护龄期胶凝材料的 FTIR 图,由图可以看出,胶凝材料不同龄期红外光谱的吸收速率不同,但具有同源吸收带,表明不同龄期的反应产物基本相同。结晶水中 O—H 伸缩振动在 3 450 $cm^{-1}$ 附近,层间水中 H—O—H 键的弯曲振动在 1 644 $cm^{-1}$ 左右,层间水通常吸附在聚合物表面或填充于凝胶产物的孔隙之中且不易自由流动[181];1 422 $cm^{-1}$ 和 881 $cm^{-1}$ 附近出现了 $CO_3^{2-}$ 中的 C—O 不对称伸缩振动峰和弯曲振动峰,说明胶凝材料在养护期间发生少量碳化[182];Si—O 键弯曲振动峰发生在 451.49 $cm^{-1}$ 附近[183-184],900~1 200 $cm^{-1}$ 范围的光谱一般为 Si—O—Si 或 Si—O—Al 结构的不对称伸缩振动,所以图中 964.18 $cm^{-1}$ 附近为 Si(Al)—O 键的不对称伸缩振动峰,结合相关文献分析,此处是 C—(A)—S—H 或 N—A—S—H 凝胶的特征

峰[147]，随着养护龄期的增加，451.49 cm$^{-1}$附近的吸收峰和900～1 200 cm$^{-1}$之间的吸收峰逐渐变强、变尖锐，说明体系中凝胶产物的生成量在不断增大，聚合度不断提高；621.64 cm$^{-1}$附近的吸收峰对应于$[SO_4]^{2-}$中的S—O键的弯曲振动，表明水解聚合反应中生成了钙矾石[183]。

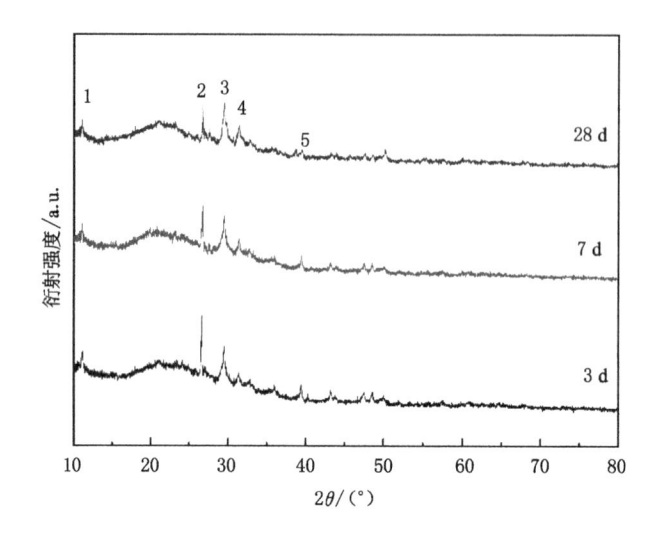

1—二水硫酸钙；2—石英；3—方解石；4—钙矾石；5—氯铝酸钙。
图4-12　最优配合比下不同养护龄期胶凝材料的XRD谱图

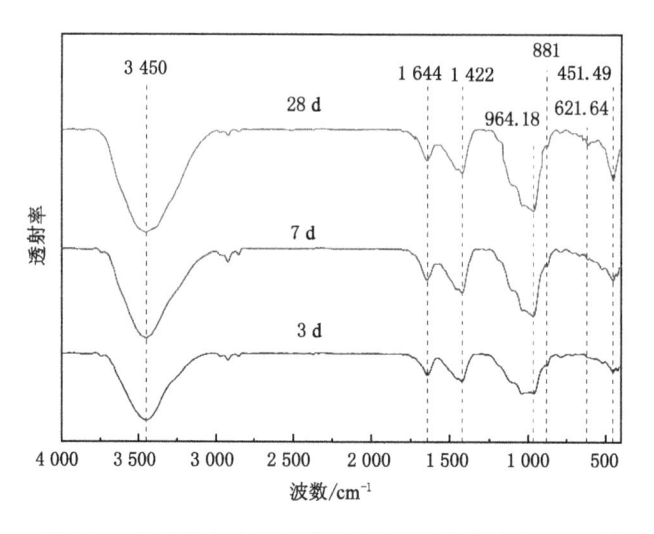

图4-13　最优配合比下不同养护龄期胶凝材料的FTIR图

### 4.6.3 SEM-EDS 分析

最优配合比下不同养护龄期胶凝材料的微观形貌如图 4-14 所示。对图中典型产物进行 EDS 能谱分析,如图 4-15 所示。由图 4-14(a)可观察到,胶凝材料养护至 3 d 时,整体结构排布疏松,反应产物将三部分原材料颗粒连成一个整体,但颗粒间连接性较差,具有较大的裂隙,同时存在较多的孔洞,整体结构较疏松,这主要是因为养护龄期较短,聚合反应不够充分。将图像放大至 5 000 倍,由图 4-14(b)可以看出,体系中纤维网状产物、针棒状生成物和六方片状产物相互交错搭接,但是空隙较大,材料结构相对松散。对纤维网状生成物处进行 EDS 能谱分析,见图 4-15(a),其中主要元素有 Ca、O、Si、Al 和 Na,推测此处主要为 C—(A)—S—H 凝胶,可能交杂少量 N—A—S—H 凝胶[185]。如图 4-15(b)所示,针棒状产物主要元素有 Ca、O、Si 和 Al,其中还有少量的 Na 和 S,Ca 元素与 S 元素的质量比约为 2.6∶1,推测该产物为钙矾石[186],说明垃圾焚烧飞灰中含硫矿物与 $Ca^{2+}$ 和 $AlO_2^-$ 发生水解聚合反应生成少量钙矾石;图中出现了六方片状产物,EDS 能谱分析如图 4-15(c)所示,主要元素有 Ca、O、Si、Al 和 Cl,其中 Ca 元素、Cl 元素、Al 元素质量比为 2∶1∶1,结合相关文献分析,确定该产物为十水合氯铝酸钙[187]。

(a) 3 d-1 000 倍

(b) 3 d-5 000 倍

(c) 28 d-1000 倍

(d) 28 d-5 0000 倍

图 4-14　最优配合比下不同龄期胶凝材料的微观形貌

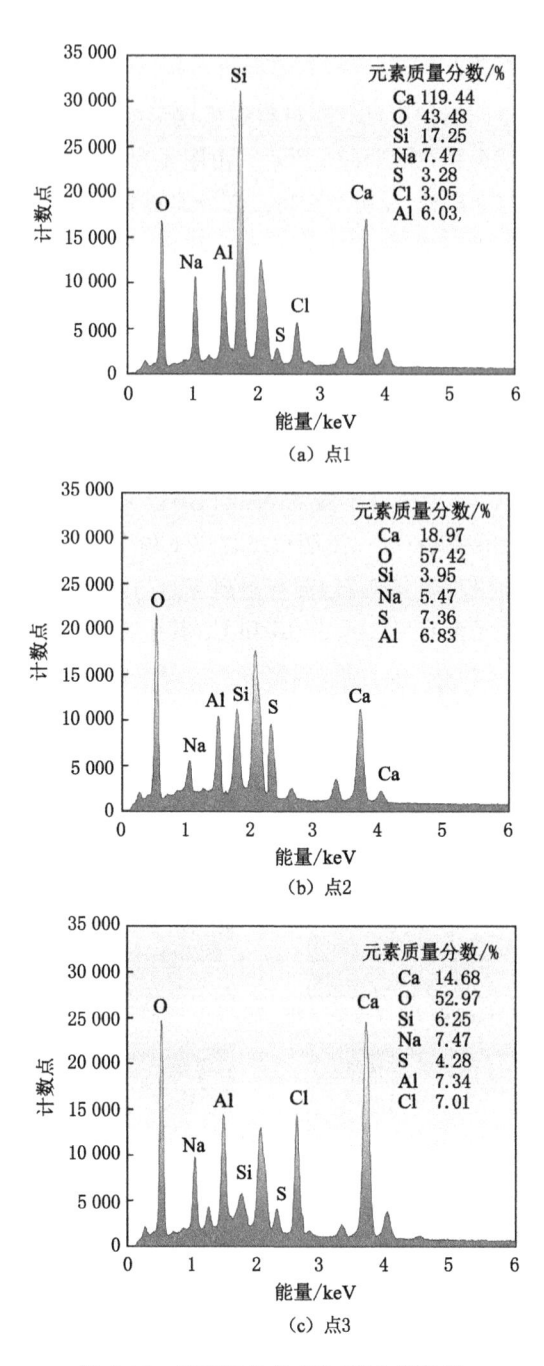

(a) 点1 元素质量分数/%
Ca 119.44
O 43.48
Si 17.25
Na 7.47
S 3.28
Cl 3.05
Al 6.03

(b) 点2 元素质量分数/%
Ca 18.97
O 57.42
Si 3.95
Na 5.47
S 7.36
Al 6.83

(c) 点3 元素质量分数/%
Ca 14.68
O 52.97
Si 6.25
Na 7.47
S 4.28
Al 7.34
Cl 7.01

图 4-15 胶凝材料各产物 EDS 能谱图

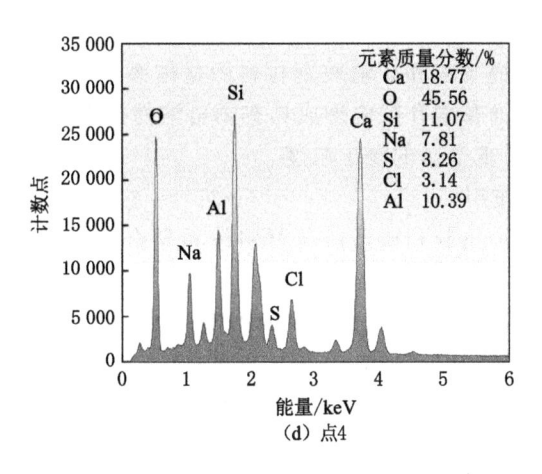

## 4 垃圾焚烧飞灰胶砂试验及重金属离子固化机理研究

| 元素 | 质量分数/% |
| --- | --- |
| Ca | 18.77 |
| O | 45.56 |
| Si | 11.07 |
| Na | 7.81 |
| S | 3.26 |
| Cl | 3.14 |
| Al | 10.39 |

(d) 点4

图 4-15(续)

图 4-14(c)是 28 d 胶凝材料放大 1 000 倍的扫描电镜微观形貌图,由图可知,胶凝材料没有较大裂纹,结构致密完整。通过图 4-14(d)放大 50 000 倍的 SEM 微观形貌图可以看出,大量层状产物互相堆叠铺满材料表面,与钙矾石互相搭接,把原材料颗粒的两部分连接在一起,既增强了体系密度,又减少了孔隙的负面影响。对其进行 EDS 能谱扫描分析,如图 4-15(d)所示,主要元素有 Ca、O、Si、Al 和 Na,与 3 d 龄期(点 1)相比,该凝胶产物中 Al 含量增加、Si 含量减少,铝硅比增大,说明随着养护龄期的增长,聚合反应程度加深,较长直链的更高聚合度的 C—(A)—S—H 和 N—A—S—H 凝胶的形成为体系提供了更致密的结构[188]。

各种反应产物的形成,既保证了胶凝材料的力学性能,又对材料中重金属进行了固化稳定。垃圾焚烧飞灰基胶凝材料固化体系中产生的聚合产物对重金属的固化稳定具有综合作用[169]。

(1) 物理固封作用

碱激发垃圾焚烧飞灰和矿渣胶凝材料固化体系中大量的硅铝酸盐凝胶互相搭接,凝结硬化后结构致密,将重金属包裹固封其中,降低了重金属的浸出浓度。相关研究表明,C—(A)—S—H 凝胶易构成致密结构,形成致密基质,可有效阻碍重金属的浸出[189],固化体的抗压强度与其对重金属的物理包封效应成正比。此外,凝胶类产物大量的环状结构形成封闭的三维网状空腔结构,也有利于重金属离子和其他有毒物质的物理包封。

(2) 物理吸附作用

体系中凝胶产物比表面积大,呈絮状、网状和蜂巢状的无定形微孔形态,可吸附固化大量溶解态重金属离子。

(3) 化学吸附沉淀作用

碱激发垃圾焚烧飞灰和矿渣胶凝材料固化体系中 $Cr^{3+}$、$Cd^{2+}$ 和 $Pb^{2+}$ 等重金属离子可在其表面和微孔隙内形成具有弱可溶性的金属络合物,能有效抑制重金属的迁移,降低重金属的浸出浓度。

(4) 离子交换作用

碱激发垃圾焚烧飞灰和矿渣胶凝材料体系聚合产物晶格中的 $Ca^{2+}$、$Si^{4+}$、$Cl^-$、$Al^{3+}$ 和 $SO_4^{2-}$ 均能被重金属离子所替代,即发生同晶替代反应,聚合产物结构不发生变化,从而将重金属离子束缚固化。如在 C—(A)—S—H 凝胶结构中,硅和铝形成了三维骨架,将 $Ca^{2+}$ 固定在其中,并与水分子形成聚合物。而碱金属和碱土金属离子则较容易与水分子进行解离,从体系结构中释放出来,同时接受其他离子的替代而进入结构中,具有较强的离子交换能力。钙矾石的离子交换通常发生在 $Ca^{2+}$、$Al^{3+}$ 和 $SO_4^{2-}$ 处,其中 $Ca^{2+}$、$Al^{3+}$ 可被 $Pb^{2+}$、$Cd^{2+}$、$Zn^{2+}$ 和 $Cr^{3+}$ 等阳离子替代,$SO_4^{2-}$ 可以被 $Cr_2O_4^{2-}$ 等阴离子团替代[190]。

## 4.7 本章小结

本章基于正交设计制备胶凝材料胶砂试件,探究了各因素对胶砂强度的影响程度并得到胶凝材料的最优配合比。通过重金属浸出的分子动力学模拟,探究了重金属的吸附机制。采用 XRD、FTIR、SEM 和 EDS 等测试手段揭示了胶凝材料的微观机理,研究结果表明:

(1) 各因素对胶砂强度影响程度排序为矿渣掺量>用碱量>水玻璃模数。结合重金属浸出浓度,得出胶凝材料的最优配合比为矿渣掺量 60%、水玻璃模数 1.3 和用碱量 6%。

(2) 重金属浸出分子动力学模拟结果表明,重金属 Cd 浸出速度最慢,与吸附位点之间的相互作用最强,表明 C—A—S—H 凝胶对其吸附效果最好,与重金属浸出试验结果相互验证。

(3) 随养护龄期增长,C—(A)—S—H 和 N—A—S—H 凝胶产物生成量逐渐增多,同时伴有少量氯铝酸钙和钙矾石生成,胶凝材料结构愈加密实,孔隙率逐渐降低。主要化学键变化为 O—H、H—O—H、Si—O、Si—O—Si/Al、S—O 和 C—O 等的不对称伸缩振动与弯曲振动。$SiO_2$ 的 X 射线衍射峰强度呈逐渐减小趋势,同时含有钙矾石、$CaCO_3$ 和氯铝酸钙的衍射峰。

(4) 垃圾焚烧飞灰中的重金属通常通过聚合产物的物理固封作用、物理吸附作用、化学吸附沉淀作用和离子交换等方式被硅铝酸盐凝胶吸收结合,从而重金属固化稳定。

# 5 改进的垃圾焚烧飞灰预处理方法及重金属浸出特征与形态分布研究

在上一章中,通过传统水洗工艺结合碱激发剂对 MSWI FA 进行预处理,然而,通过各种测试手段发现,以 MSWI FA 为基础的地聚合物只满足国家填埋标准,而 MSWI FA 中重金属浸出浓度却超出地下水污染标准,因此,MSWI FA 基充填体仍需继续研究。本书认为水洗工艺结合碱激发剂在去除氯离子与铝单质方面效果较好,但在固化重金属方面有待提升,因此提出改进的 MSWI FA 预处理方法。此方法延续前面预处理步骤,在碱激发剂效果基本消失后,将自燃煤矸石粉与 MSWI FA 溶液进行混合,待完全融合沉淀后,取出烘干待用。利用自燃煤矸石粉的多孔性和吸附性,将 MSWI FA 中的重金属包裹和吸附,提高其稳定性,降低重金属在醋酸缓冲溶液法浸出程序中的浸出浓度。虽然醋酸缓冲溶液法可以评估重金属的稳定性,但无法确定其存在形态。因此,随着浸出液 pH 值或环境 pH 值的变化,评估具有局限性,不能完全反映 MSWI FA 在实际环境中的浸出情况。Tessier 连续化学浸提方法可以有效评估土壤和 MSWI FA 中重金属的可浸出性和迁移性。

环境的 pH 值对 MSWI FA 中重金属浸出浓度有着重要影响,因此研究处置前后 MSWI FA 浸出浓度与 pH 值的相关性至关重要,本章将进行相关试验和模拟研究。Visual MINTEQ 是美国国家环境保护局开发的环境水化学平衡软件,主要用于计算混合、稀释、多相固体、吸附等过程的物质质量分布。该软件拥有强大的平衡常数数据库,涵盖液相络合、溶解-沉淀、氧化还原、吸附、气-液相平衡等反应。该软件已被广泛应用于模拟受污染土壤[191]、污泥[192]以及 MSWI FA[193-194]中的重金属浸出行为,也被应用于评估、预测将 MSWI FA 应用于公路建设后的排放情况[195]。Li 等[196]利用 Visual MINTEQ 模拟重金属状态,说明了 Cr、Sb 和 Pb 在基础固定电荷模型(BFCM)中的出现状态分别为 $CrO_4^{2-}$、$[Sb(OH)_6]^-$ 和 $Pb(OH)_3^-$。Zhang 等[197]研究发现,原 MSWI FA 中的 Pb 和 Cd 的浸出行为主要受到溶解-沉淀平衡控制,而 Zn 和 Ni 则主要受到表面吸附的机理控制。目前,针对预处理后的 MSWI FA 中重金属浸出情况的模拟研究非常少。因此,本章主要研究经过改进预处理方法处理后的 MSWI FA

中重金属在不同 pH 值的溶液中的浸出浓度变化和形态变化。同时将采用 Visual MINTEQ 软件进行简单模拟，拟合 MSWI FA 中重金属浸出浓度与环境 pH 值变化的关系曲线。通过比较试验结果和软件模拟结果，进一步探讨重金属在环境中的浸出机制，以实现对 MSWI FA 中重金属在环境中的长期浸出情况及特定 pH 值环境中的浸出情况进行预测[198]。

本研究中所使用的软件版本为 Visual MINTEQ 3.1。

## 5.1 改进的 MSWI FA 预处理方法分析

### 5.1.1 试验过程

由于 MSWI FA 的性质比较特殊，尤其是材料内部的重金属与一些有毒有害物质无法解决，会影响到 MSWI FA 基充填体的实际应用，所以改进 MSWI FA 预处理方法是很有必要的。如图 5-1 所示，首先，称取 40 000 mL 自来水和 4 000 g MSWI FA，再以水质量的 3% 称取 NaOH（片碱）1 200 g，将其与水融合，搅拌 30 min 后，静置 30 min，然后将 MSWI FA 放入配置好的 NaOH 水溶液中。其次，每隔 30 min 搅拌一次，使 MSWI FA 与溶液混合均匀即可，防止 MSWI FA 沉底而影响反应效果，直至 5 h 后溶液表面没有泡沫和其他杂质，静置 1 h。再次，将准备好的自燃煤矸石粉取 4 000 g，与 MSWI FA 按 1∶1 比例倒入上述溶液中，继续搅拌 30 min，然后静置 1 h。最后，将溶液表面渗滤液排出，再将剩下的水洗材料（MSWI FA-CG）放入鼓风干燥箱中，调至 105 ℃，烘干 2 h 后取出。将预处理后的 MSWI FA 命名为 MSWI FA-CG。

图 5-1 水洗过程中产生氢气的情况

### 5.1.2 MWSI FA-CG 物理化学特性

#### 5.1.2.1 MSWI FA-CG 物理特性

经过预处理后，MSWI FA-CG 颗粒粒度分散区间如图 5-2(a)所示。原 MSWI FA D50(v)粒径为 28.03 μm，而 MSWI FA-CG D50(v)粒径为 19.5 μm，说明 MSWI FA 与自燃煤矸石粉结合后粒径变得更小，比表面积更大，火山灰活性也得到加强。观察图 5-2(b)可知，自燃煤矸石粉的 D50(v)粒径为 17.0 μm，与 MSWI FA-CG D50(v)粒径相差不多，说明有部分 MSWI FA 在碱性环境中发生解聚反应，再与自燃煤矸石粉发生缩聚反应，形成新的颗粒物质。这说明确实有部分细小粒径的 MSWI FA 进入自燃煤矸石粉颗粒中，使自燃煤矸石粉颗粒很好地包裹着 MSWI FA 颗粒，起到物理包裹的作用。

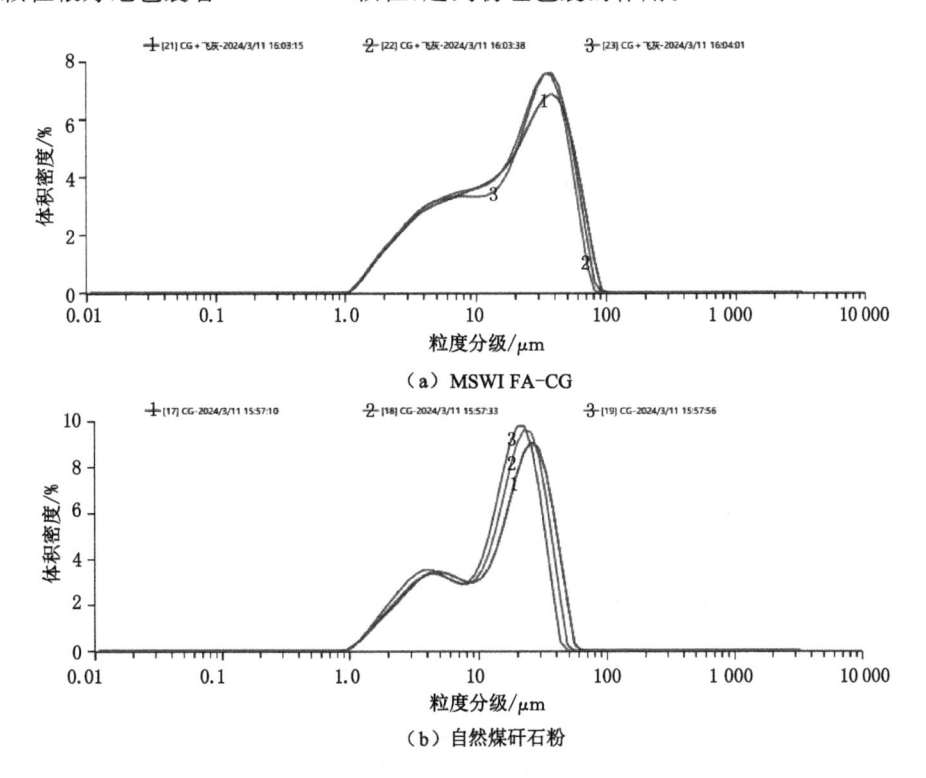

（a）MSWI FA-CG

（b）自燃煤矸石粉

图 5-2 MSWI FA-CG 和自燃煤矸石粉的粒度分析图

#### 5.1.2.2 MSWI FA-CG 化学特性与矿物组成

MSWI FA 和 MSWI FA-CG 的 XRF 测试结果见表 5-1 和图 5-3。由表 5-1

和图 5-3 可知,Ca、Cl、Na、K、Si、Al、Fe 和 Mg 是 MSWI FA 的主要组成元素,其中氯盐和钙盐含量比较高,Si 和 Al 含量相对较低,说明 MSWI FA 是具有一定火山灰活性的铝硅酸盐材料,此结论已在上述章节中提到。而除了具有火山灰活性外,它还含有 Cl⁻(达到 14.8%),主要来自 NaCl、KCl 和 $CaCl_2$ 等可溶性盐。与 MSWI FA 相比,MSWI FA-CG 的火山灰活性相同,但是 Cl⁻ 含量只有 0.970%,Cl⁻ 去除率达到 93.4%,处理效果明显。Cl⁻ 含量偏高,主要来自生活垃圾中大量的厨余垃圾和塑料制品,可溶性无机氯化物会给垃圾焚烧飞灰的固化效果和资源化利用带来很大的阻碍。因此 MSWI FA-CG 达到了去除 Cl⁻ 的目的。根据表 5-1 中的氧化物含量可知,MSWI FA 和 MSWI FA-CG 中的 $SiO_2$ 和 CaO 含量差异很大,其中 $SiO_2$ 含量从 25.36% 增加到 41.82%,而 CaO 含量从 24.49% 减少到 14.23%。由于自燃煤矸石粉中 $SiO_2$ 含量较高,又因为 $SiO_2$ 玻璃体不容易遭到破坏,所以 MSWI FA-CG 中的 $SiO_2$ 含量明显增多。而 $Ca^{2+}$ 由于水洗工艺的作用,游离状态下的 $Ca^{2+}$ 随渗滤液排出,所以 MSWI FA-CG 中的 CaO 含量明显降低。

表 5-1 各种材料的氧化物含量    单位:%

| 氧化物 | $SiO_2$ | CaO | $Al_2O_3$ | $Fe_2O_3$ | $SO_3$ | $Na_2O$ | MgO |
|---|---|---|---|---|---|---|---|
| MSWI FA | 25.36 | 24.49 | 12.46 | 5.29 | 4.75 | 4.43 | 4.33 |
| MSWI FA-CG | 41.82 | 14.23 | 15.96 | 8.01 | 3.73 | 2.01 | 7.65 |
| 矿渣 | 34.50 | 34.00 | 17.70 | 1.03 | 1.64 | — | 6.01 |
| 生石灰 | 1.80 | 74.80 | 0.90 | 0.40 | — | — | 6.30 |

单位:%

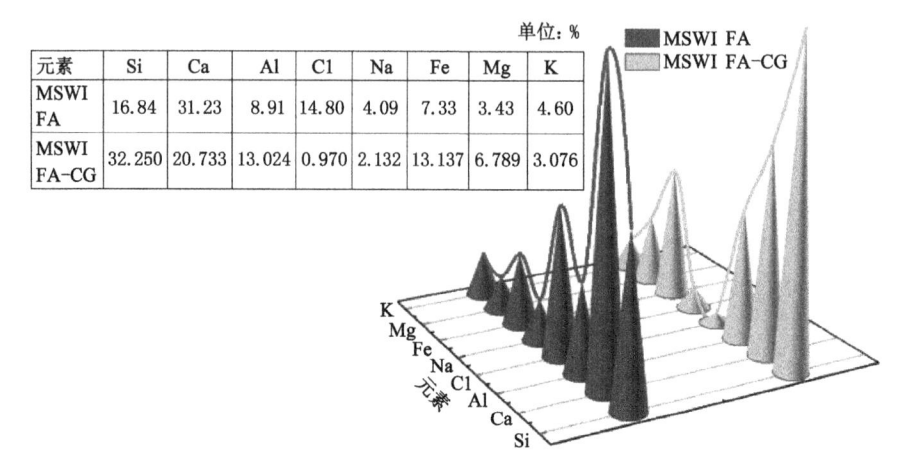

| 元素 | Si | Ca | Al | Cl | Na | Fe | Mg | K |
|---|---|---|---|---|---|---|---|---|
| MSWI FA | 16.84 | 31.23 | 8.91 | 14.80 | 4.09 | 7.33 | 3.43 | 4.60 |
| MSWI FA-CG | 32.250 | 20.733 | 13.024 | 0.970 | 2.132 | 13.137 | 6.789 | 3.076 |

图 5-3 MSWI FA 和 MSWI FA-CG 的 XRF 测试结果单质元素示意图

图 5-4 为 MSWI FA-CG 的 XRD 图谱,由图可以看出,与第 3 章中的 MSWI FA 的 XRD 图谱对比,MSWI FA-CG 中没有掺杂各种矿物成分,只有 $SiO_2$ 结晶和少量的蓝晶石矿物,化学式为 $Al_2SiO_5$。MSWI FA-CG 中没有出现明显的氯盐成分,说明与上述 XRF 的测试结果吻合,证明这种预处理方法真实有效。

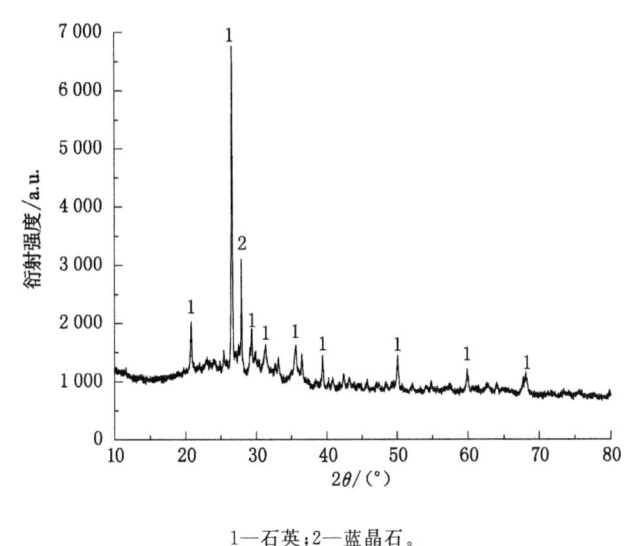

1—石英;2—蓝晶石。

图 5-4 MSWI FA-CG 的 XRD 图谱

### 5.1.3 MWSI FA-CG 的污染特性

表 5-2 为 MSWI FA-CG 中重金属含量与浸出浓度,同时列出了不同标准[《固体废物 浸出毒性浸出方法 醋酸缓冲溶液法》(HJ/T 300—2007)、《危险废物填埋污染控制标准》(GB 16889—2024)、《生活垃圾填埋场污染控制标准》(GB 18598—2019)]对 MSWI FA-CG 中重金属浸出浓度和标准限值的规定[151-153]。由表 5-2 可知,MSWI FA-CG 中重金属含量最高的依然是 Zn,其他重金属含量也均超过表 5-2 列出的标准限值,增加了环境污染的风险。MSWI FA-CG 中重金属浸出浓度的排序为 Zn>Cu>Ni>Cr>Pb>Cd,且浸出浓度均低于 GB 18598—2019 和 GB 16889—2024 的标准限值。虽然 MSWI FA-CG 中重金属浸出浓度低于 MSWI FA 填埋标准,但是作为充填材料,还要考虑地下水污染标准,如表 5-3 所列。由表 5-3 可知,MSWI FA-CG 中重金属浸出浓度远远高于地下水污染标准,因此还需继续研究其固化方式及固化机理。

表 5-2　重金属浸出浓度　　　　　　　　　　　单位：mg/L

| 重金属元素 | Zn | Cu | Pb | Cr | Cd | Ni |
|---|---|---|---|---|---|---|
| MSWI FA 中重金属浸出浓度 | 9 620 | 2 220 | 698 | 580 | 170 | 159 |
| MSWI FA-CG 中重金属浸出浓度 | 5 180 | 1 600 | 632 | 491 | 106 | 150 |
| 浸出浓度（HJ/T 300—2007） | 43.00 | 3.50 | 0.18 | 1.23 | 0.10 | 1.43 |
| 标准限值（GB 16889—2024） | 100 | 40 | 0.25 | 4.5 | 0.15 | 1.5 |
| 标准限值（GB 18598—2019） | 120 | 120 | 1.2 | 15 | 0.6 | 2 |

表 5-3　重金属浸出污染地下水指标　　　　　　单位：mg/L

| 指标 | Ⅰ类 | Ⅱ类 | Ⅲ类 | Ⅳ类 | Ⅴ类 |
|---|---|---|---|---|---|
| Zn | ≤0.05 | ≤0.5 | ≤1.00 | ≤5.00 | >5.00 |
| Cu | ≤0.01 | ≤0.05 | ≤1.00 | ≤1.50 | >1.50 |
| Pb | ≤0.005 | ≤0.005 | ≤0.01 | ≤0.10 | >0.10 |
| Cr | ≤0.000 1 | ≤0.005 | ≤0.005 | ≤0.01 | >0.01 |
| Cd | ≤0.005 | ≤0.01 | ≤0.05 | ≤0.10 | >0.10 |
| Ni | ≤0.002 | ≤0.002 | ≤0.02 | ≤0.10 | >0.10 |

## 5.2　MSWI FA 和 MSWI FA-CG 两种材料的 SEM 分析

图 5-5 为 MSWI FA 原材料、自燃煤矸石粉原材料及 MSWI FA-CG 原材料的 SEM 图。其中图 5-5(a)为 MSWI FA 原材料的 SEM 图，由图可以看出，MSWI FA 原材料由形状不一、大小不等的颗粒组成（左图为放大 500 倍），将其中某个单一颗粒放大 5 000 倍后，可以看出颗粒表面极其复杂，由结晶、矿物质和层状结构等杂质混合而成。图 5-5(b)为自燃煤矸石粉原材料的 SEM 图，由图可以看出，自燃煤矸石粉原材料颗粒相对均匀分布，但是颗粒大小不等，细小颗粒掺杂在大颗粒中间（左图为放大 500 倍），将其中某个单一颗粒放大 5 000 倍，可以看出颗粒表面相对平滑、均质，呈结晶状玻璃体，没有出现其他杂质。图 5-5(c)为 MSWI FA-CG 原材料的 SEM 图，由图 5-5(c)左侧图可以发现，MSWI FA 和自燃煤矸石粉颗粒完美融合在一起，相比图 5-5(a)和图 5-5(b)，同样放大 500 倍，MSWI FA-CG 更加密实，虽然形状和大小不一，但是每个颗粒紧密相连，形成更加稳定及致密的结构。再观察图 5-5(c)右侧图，将其中某个单一颗粒放大 5 000 倍，发现颗粒表面生成明显的聚合产物，其中最为明显的是

凝胶产物,图中没有发现明显的结晶及层状结构等,说明大量的聚合产物包裹在两种原材料颗粒表面,形成新的材料 MSWI FA-CG。通过 SEM 形貌分析,结合 XRF 和 XRD 分析,初步确定 MSWI FA-CG 污染性大幅降低且重金属固化效果明显,并且材料结构稳定,可以进行下一步分析。

(a) MSWI FA 原材料

(b) 自燃煤矸石粉原材料

(c) MSWI FA-CG 原材料

图 5-5　MSWI FA 原材料、自燃煤矸石粉原材料及 MSWI FA-CG 原材料的 SEM 图

## 5.3 MSWI FA-CG 的 pH 值相关性试验分析

根据工程实际情况显示，MSWI FA-CG 做无害化填埋或者做采空区充填时，其中的重金属将会面临不同 pH 值情况下的浸出，从而污染土壤以及人类的生活环境。因此，pH 值相关性试验对 MSWI FA-CG 中重金属的实际稳定性和稳定机理研究具有非常重要的意义。

不同浸出液 pH 值（浸出后所达到的最终平衡 pH 值）下 MSWI FA 与 MSWI FA-CG 中的重金属浸出情况如图 5-6 所示。图中"Y-"代表 MSWI FA，"M-"代表 MSWI FA-CG。由图 5-6 可知，浸出液的 pH 值对 MSWI FA 和 MSWI FA-CG 中重金属的浸出浓度有非常重要的影响。对比 MSWI FA 和 MSWI FA-CG 中重金属浸出浓度-pH 值相关性曲线，可以发现两种曲线的走势非常相似，但是 MSWI FA-CG 的 pH 值安全范围发生明显的扩大。本研究的目的在于探讨 pH 值对 MSWI FA-CG 中重金属稳定性的影响。研究显示，随着 pH 值的变化，MSWI FA 中重金属浸出浓度有所不同。通过预处理，MSWI FA-CG 中重金属的稳定性得到明显提升，在较低的 pH 值下，重金属浸出浓度大幅度减小。综合分析结果表明，改进的预处理方法能有效稳定重金属离子，并使其更适应酸碱环境，从而降低环境影响和毒性释放。因此，对于 MSWI FA-CG，安全的 pH 值范围扩大到 5.0～12.0，有助于达到安全填埋标准。总的来说，改进的 MSWI FA 预处理方法能有效稳定重金属，而非简单形成碱性沉淀，通过不可逆的反应实现物理包裹和化学吸附，有效控制重金属的释放。

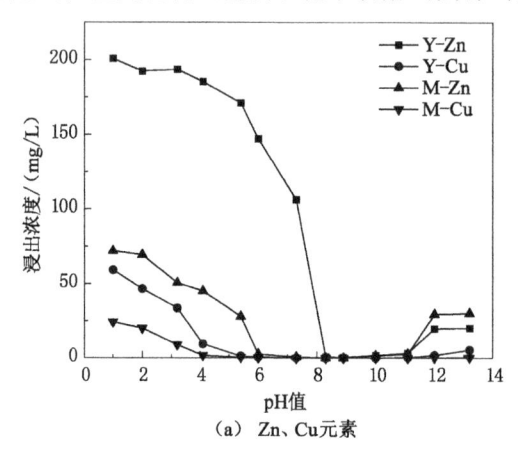

(a) Zn、Cu 元素

图 5-6　不同浸出液 pH 值下 MSWI FA 和 MSWI FA-CG 中重金属浸出情况

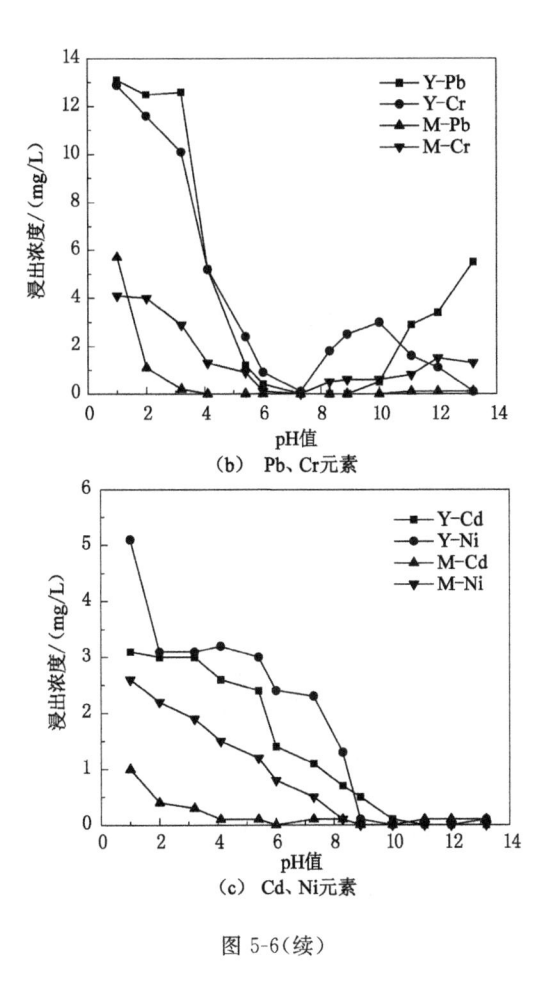

(b) Pb、Cr元素

(c) Cd、Ni元素

图 5-6(续)

## 5.4 MSWI FA 和 MSWI FA-CG 中重金属浸出过程模拟

本节通过 Visual MINTEQ 软件计算 MSWI FA 和 MSWI FA-CG 中重金属(包括 Zn、Cu、Cd、Pb、Cr 和 Ni 等)在特定 pH 值下的浸出浓度。结果将与前一章节的 pH 值相关性试验进行对比分析。值得注意的是,计算过程考虑沉淀、溶解、络合平衡反应,而未考虑吸附对重金属离子溶解浓度的影响。在模拟中,输入溶液中各种重金属离子(如 $Zn^{2+}$、$Cu^{2+}$、$Cd^{2+}$、$Pb^{2+}$、$Cr^{3+}$、$Ni^{2+}$、$Ca^{2+}$等)浓度,是基于 pH 值相关性试验结果得出的最高离子浸出浓度。对于 MSWI FA 来说,这个离子总量,在浸取液的 pH 值低于 2 时可获得这些离子的总量。Visual MINTEQ 软件的主界面如图 5-7 所示。

图 5-7　Visual MINTEQ 软件的主界面

表 5-4 给出了 MSWI FA 和 MSWI FA-CG 中重金属离子可以溶解的总含量。通过各元素总含量的对比，可以发现 MSWI FA-CG 中重金属离子的可溶解总量比 MSWI FA 低。这说明加入 NaOH 碱激发剂，向 MSWI FA 颗粒提供大量的 $OH^-$，使材料中重金属的存在形态发生改变，不仅改变了在特定 pH 值下的重金属浸出含量，还降低了 MSWI FA-CG 的可溶解总量。

表 5-4　MSWI FA 和 MSWI FA-CG 中重金属离子的可溶解总量

| 重金属离子 | 可溶解总量/(mg/L) | |
| --- | --- | --- |
| | MSWI FA | MSWI FA-CG |
| $Zn^{2+}$ | 200.00 | 74.55 |
| $Cu^{2+}$ | 61.7 | 24.78 |
| $Pb^{2+}$ | 13.08 | 5.97 |
| $Cd^{2+}$ | 3.22 | 1.03 |
| $Cr^{3+}$ | 12.85 | 4.16 |
| $Ni^{2+}$ | 5.24 | 2.61 |

## 5.4.1 重金属 Zn

MSWI FA 和 MSWI FA-CG 中重金属 $Zn^{2+}$ 在不同 pH 值浸出浓度的试验及模拟结果如图 5-8 所示,其中正方形代表试验结果,实线代表软件程序模拟结果,虚线代表物质形态变化界限。

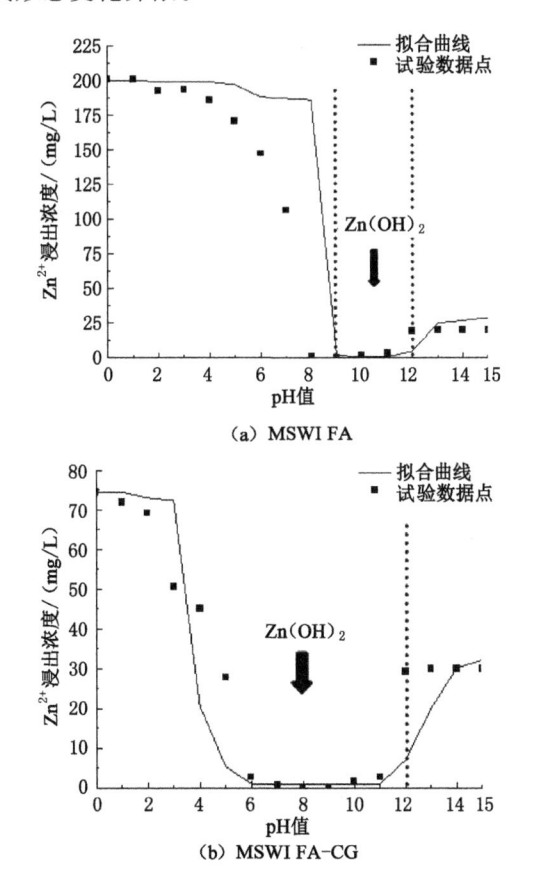

图 5-8 MSWI FA 和 MSWI FA-CG 中重金属 $Zn^{2+}$ 在不同 pH 值浸出浓度的试验及模拟结果

在 MSWI FA 中,模拟结果显示,$Zn^{2+}$ 主要以 $Zn(OH)_2$ 的形式发生沉淀,沉淀的 pH 值范围为 8.5~12.0。当 pH 值为 8.5 时,大部分 $Zn^{2+}$ 以沉淀形式存在,但仍有少量 $Zn^{2+}$ 以游离态存在。当溶液 pH 值超过 12 时,$Zn(OH)_2$ 重新溶解,并以 $Zn(OH)_3^-$ 和 $Zn(OH)_4^{2-}$ 的形式存在,导致浸出液中 $Zn^{2+}$ 浓度增大。随着碱性的增强,几乎所有 $Zn^{2+}$ 都以 $Zn(OH)_4^{2-}$ 的形式存在。

对于 MSWI FA-CG，溶液中 $Zn^{2+}$ 沉淀的 pH 值范围被扩大。在强酸性溶液中（pH 值为 0～4），$Zn^{2+}$ 和 $ZnSO_4(aq)$ 是主要的溶解形态。当溶液 pH 值大于 4 时，由于 MSWI FA-CG 自身呈碱性，$Zn^{2+}$ 开始以 $Zn(OH)_2$ 的形态发生沉淀，直到 pH 值达到 12，沉淀开始溶解，$Zn^{2+}$ 浸出浓度逐渐增大，拟合曲线与试验数据均反映了这一现象。

综上所述，MSWI FA-CG 中的重金属 Zn 存在形态更为稳定，与 MSWI FA 相比具有较强的耐酸性。

### 5.4.2 重金属 Cu

MSWI FA 和 MSWI FA-CG 中重金属 $Cu^{2+}$ 在不同 pH 值浸出浓度的试验及模拟结果如图 5-9 所示，其中正方形代表试验结果，实线代表软件程序模拟结果，虚线代表物质形态变化界限。

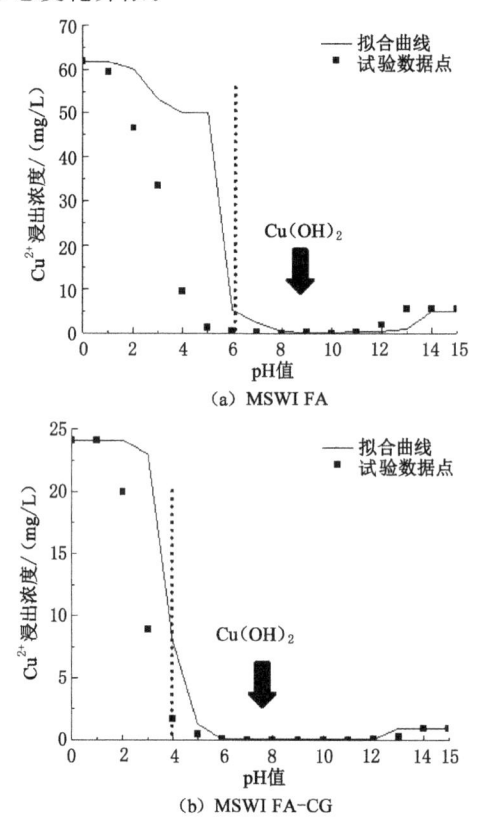

图 5-9 MSWI FA 和 MSWI FA-CG 中重金属 $Cu^{2+}$ 在不同 pH 值浸出浓度的试验及模拟结果

对于 MSWI FA,软件模拟结果显示,从 pH 值为 6 开始,$Cu^{2+}$ 发生沉淀,沉淀物主要以 $Cu(OH)_2$ 形式存在。随着 pH 值的逐渐增大,超过 99% 的 $Cu^{2+}$ 以 $Cu(OH)_2$ 的形态发生沉淀。当溶液 pH 值超过 12 时,$Cu(OH)_2$ 沉淀开始溶解,存在形态为 $Cu(OH)_3^-$ 和 $Cu(OH)_4^{2-}$。当 pH 值继续增大时,$Cu^{2+}$ 浸出浓度逐渐增大,然后趋于稳定。

对于 MSWI FA-CG,软件模拟结果显示,当 pH 值超过 4 时,就已经开始形成 $Cu(OH)_2$ 沉淀。与 MSWI FA 规律相同,当 pH 值超过 12 时,$Cu(OH)_2$ 沉淀开始部分溶解为 $Cu(OH)_3^-$ 和 $Cu(OH)_4^{2-}$。与 MSWI FA 不同的是,MSWI FA-CG 中 $Cu(OH)_2$ 沉淀发生的 pH 值范围有所扩大,从 pH 值为 6~12 扩大到 4~12。当 pH 值逐渐增大时,$Cu^{2+}$ 浸出浓度逐渐增大,但浸出浓度较低,随后趋于稳定。

### 5.4.3 重金属 Pb

MSWI FA 和 MSWI FA-CG 中重金属 $Pb^{2+}$ 在不同 pH 值浸出浓度的试验及模拟结果如图 5-10 所示,其中正方形代表试验结果,实线代表软件程序模拟结果,虚线代表物质形态变化界限。

对于 MSWI FA,当 pH 值超过 7 时,逐渐处于碱性区域,随着碱性慢慢地增强,几乎所有 $Pb^{2+}$ 都转化为沉淀形态,主要存在形式为 $Pb(OH)_2$。而当 pH 值超过 13 后,沉淀开始溶解,以 $Pb(OH)_3^-$ 的形态存在。因此,pH 值逐渐增大,$Pb^{2+}$ 的浸出浓度也随着增大,该模拟结果与 pH 值相关性试验结果吻合。

对于 MSWI FA-CG,与 MSWI FA 相同的是,当 pH 值超过 7 时,随着碱性慢慢地增强,几乎所有 $Pb^{2+}$ 都转化为沉淀形态,主要存在形式为 $Pb(OH)_2$。但不同的是,试验结果显示,当 pH 值超过 2 时,$Pb^{2+}$ 的浸出浓度就已经开始减小,说明 MSWI FA-CG 中自燃煤矸石粉的吸附特性得到很好的体现,MSWI FA-CG 在 $OH^-$ 的作用下,表层玻璃体被打开,使部分游离态的 $Pb^{2+}$ 进入其中,由于自燃煤矸石粉具有多孔性质,它会将部分 $Pb^{2+}$ 进行物理包裹。因此可以解释为何模拟结果与试验结果有出处。相对于原 MSWI FA,$Pb^{2+}$ 溶解的总量要低得多,说明预处理后的 MSWI FA-CG 中的重金属 Pb 具有更强的抗酸性和抗碱性。

### 5.4.4 重金属 Cr

MSWI FA 和 MSWI FA-CG 中重金属 $Cr^{3+}$ 在不同 pH 值浸出浓度的试验及模拟结果如图 5-11 所示,其中正方形代表试验结果,实线代表软件程序模拟结果,虚线代表物质形态变化界限。

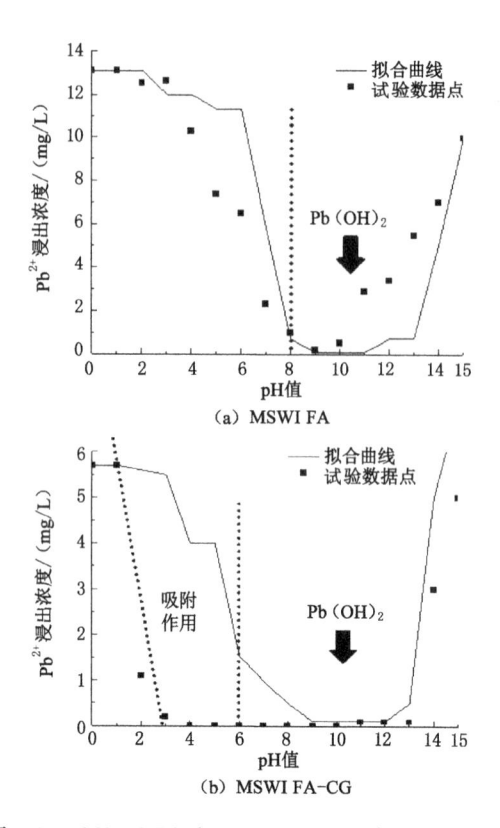

图 5-10　MSWI FA 和 MSWI FA-CG 中重金属 $Pb^{2+}$
在不同 pH 值浸出浓度的试验及模拟结果

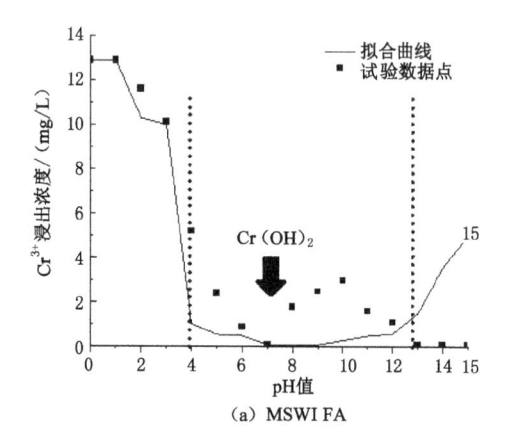

图 5-11　MSWI FA 和 MSWI FA-CG 中重金属 $Cr^{3+}$
在不同 pH 值浸出浓度的试验及模拟结果

(b) MSWI FA-CG

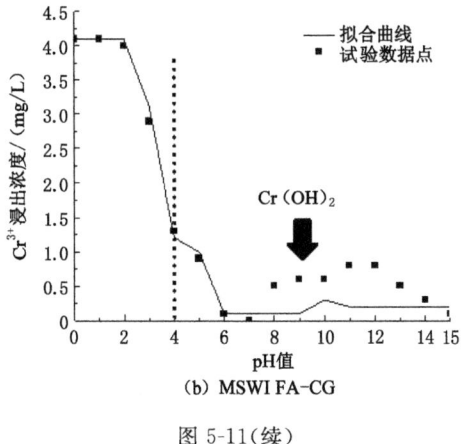

图 5-11(续)

无论是 MSWI FA,还是 MSWI FA-CG,模拟结果与试验结果规律极为相似,均是 pH 值达到 4 时开始发生沉淀,随着 pH 值的增大,生成的 $Cr(OH)_3$ 沉淀随之增多。两者唯一不同的是,MSWI FA 中 $Cr(OH)_3$ 沉淀在 pH 值为 13 时开始溶解,其形态为 $Cr(OH)_4^-$,相比于 MSWI FA,MSWI FA-CG 呈现出更强的耐碱性,在强碱环境中几乎没有出现溶解形态。

### 5.4.5 重金属 Cd

MSWI FA 和 MSWI FA-CG 中重金属 $Cd^{2+}$ 在不同 pH 值浸出浓度的试验及模拟结果如图 5-12 所示,其中正方形代表试验结果,实线代表软件程序模拟结果,虚线代表物质形态变化界限。

(a) MSWI FA

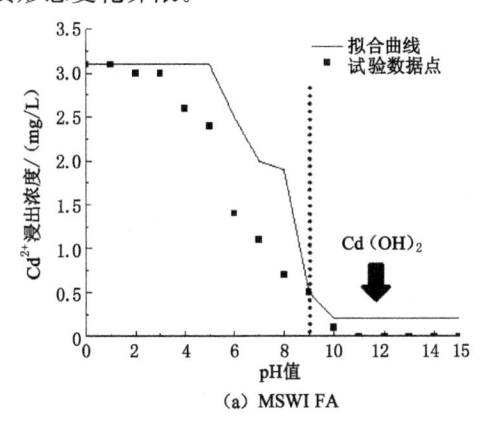

图 5-12 MSWI FA 和 MSWI FA-CG 中重金属 $Cd^{2+}$
在不同 pH 值浸出浓度的试验及模拟结果

(b) MSWI FA-CG

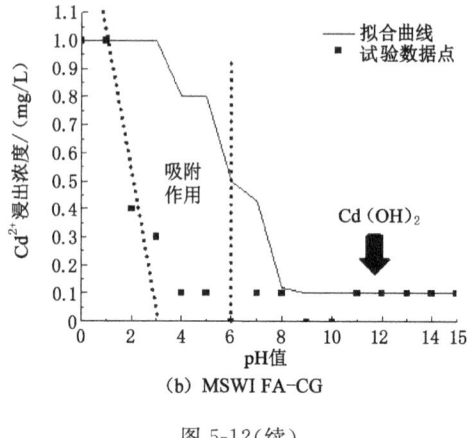

图 5-12(续)

MSWI FA-CG 中 $Cd^{2+}$ 浸出过程主要受到吸附作用影响，pH 值范围为 2～8。而当 pH 值为 6 时就已经开始生成 $Cd(OH)_2$ 沉淀，随着 pH 值的逐渐增大，$Cd(OH)_2$ 沉淀形态随之趋于稳定。无论是 MSWI FA 还是 MSWI FA-CG，由于吸附过程的存在，试验或实际 $Cd^{2+}$ 浸出浓度均低于软件拟合数据，而当 pH 值超过 13 时，没有明显的 $Cd(OH)_3^-$ 和 $Cd(OH)_4^{2-}$ 的溶解形态。

### 5.4.6 重金属 Ni

MSWI FA 和 MSWI FA-CG 中重金属 $Ni^{2+}$ 在不同 pH 值浸出浓度的试验及模拟结果如图 5-13 所示，其中正方形代表试验结果，实线代表软件程序模拟结果，虚线代表物质形态变化界限。

(a) MSWI FA

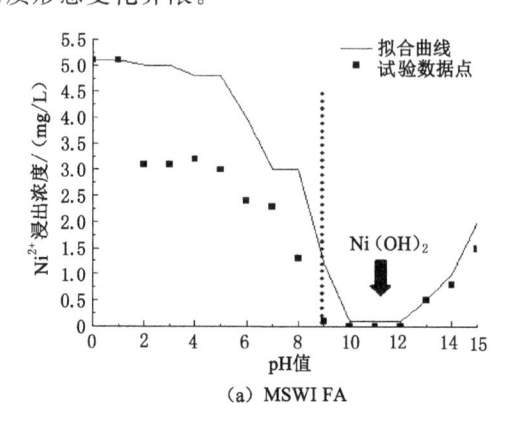

图 5-13 MSWI FA 和 MSWI FA-CG 中重金属 $Ni^{2+}$ 在不同 pH 值浸出浓度的试验及模拟结果(mg/L)

5 改进的垃圾焚烧飞灰预处理方法及重金属浸出特征与形态分布研究

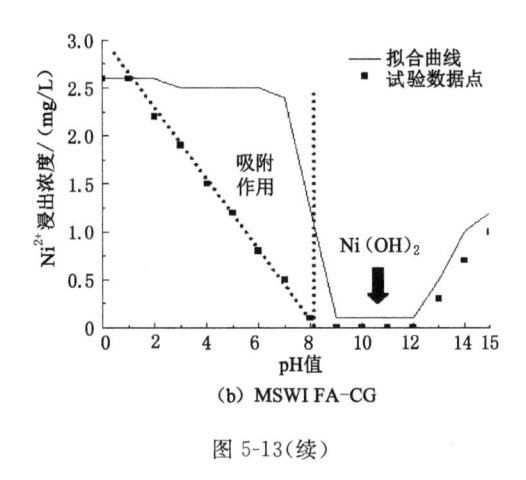

(b) MSWI FA-CG

图 5-13(续)

对于 MSWI FA,当溶液 pH 值范围小于 6 时,软件程序拟合结果与试验测得的结果有较大的差异,试验中 $Ni^{2+}$ 浸出浓度低于拟合结果。因此,我们猜测有一部分原因是试验操作问题,但是,最有可能的是浸出的部分 $Ni^{2+}$ 发生了吸附反应,从而降低了实际检测结果。所以 MSWI FA 中 $Ni^{2+}$ 浸出浓度不能确切地被沉淀-溶解模型拟合。而在其他 pH 值范围的拟合结果和试验结果相似。当 pH 值为 9 时,$Ni^{2+}$ 开始以 $Ni(OH)_2$ 沉淀形态存在。当 pH 值超过 12 时,$Ni(OH)_2$ 沉淀开始溶解并以 $Ni(OH)_3^-$ 的形式存在。

对于 MSWI FA-CG,当 pH 值为 2~8 时,由于 MSWI FA-CG 的吸附作用,使得软件程序拟合结果与试验结果出现偏差。在其他的 pH 值范围内,拟合结果和试验结果比较吻合。当 pH 值超过 8 后,开始生成 $Ni(OH)_2$ 沉淀,随着 pH 值的不断增加,当 pH 超过 12 后,$Ni(OH)_2$ 沉淀开始溶解并以 $Ni(OH)_3^-$ 的形式存在。MSWI FA-CG 吸附性增强,主要是由于在碱性环境中水洗后,材料自身碱性随之增强,再加上自燃煤矸石粉具有物理吸附性,使得 MSWI FA-CG 的吸附性增强,并且耐酸碱性也得到较好的提升。

## 5.5 MSWI FA-CG 中重金属形态分布特征

本书采用 Tessier 连续提取法,结合国家环境保护标准(HJ 789—2016)[199],探究 MSWI FA 和 MSWI FA-CG 中重金属形态分布特性。

MSWI FA 和 MSWI FA-CG 通过 Tessier 连续提取法得出重金属提取结果见表 5-5 和表 5-6。从第一步开始到第五步,待测液中重金属的分布形态分为可交换态、碳酸盐结合态、Fe-Mn 氧化物结合态、有机结合态和残渣态。表中回收率是指 Tessier 连续提取法提取到的重金属元素总量与直接全量消解得到的重金属元素总量之比。回收率越接近 100%，表示 Tessier 连续提取法结果的可靠性更高，数据的可信度也越高。

表 5-5　MSWI FA Tessier 连续提取法结果汇总表　　　　　　单位：mg/kg

| 元素 | Zn | Cu | Pb | Cr | Cd | Ni |
| --- | --- | --- | --- | --- | --- | --- |
| 第一步 | 1 623 | 395 | 43.7 | 32.4 | 18.3 | 44.8 |
| 第二步 | 831 | 578 | 36.7 | 52.9 | 34.6 | 28.4 |
| 第三步 | 198 | 43 | 10.1 | 9.33 | 7.53 | 10.3 |
| 第四步 | 1 432 | 332 | 99.1 | 49.6 | 19.6 | 19.6 |
| 第五步 | 4 948 | 492 | 484 | 416 | 80 | 40 |
| 合计 | 9 032 | 1 840 | 673.6 | 560.23 | 160.03 | 143.1 |
| 回收率 | 94% | 92% | 96% | 96% | 87% | 90% |

表 5-6　MSWI FA-CG Tessier 连续提取法结果汇总表　　　　单位：mg/kg

| 元素 | Zn | Cu | Pb | Cr | Cd | Ni |
| --- | --- | --- | --- | --- | --- | --- |
| 第一步 | 298 | 233 | 6.62 | 8.69 | 3.23 | 11.17 |
| 第二步 | 332 | 336 | 3.22 | 13.44 | 8.41 | 9.36 |
| 第三步 | 56.3 | 15.1 | 1.81 | 2.72 | 1.08 | 4.23 |
| 第四步 | 106 | 238 | 51.0 | 10.33 | 7.85 | 7.99 |
| 第五步 | 4 288 | 721 | 556 | 450 | 77.43 | 115 |
| 合计 | 5 080.3 | 1 543.1 | 618.65 | 485.18 | 98 | 147.75 |
| 回收率 | 98% | 96% | 98% | 99% | 92% | 99% |

如图 5-14 所示，通过对比 MSWI FA 和 MSWI FA-CG 重金属元素形态分布表明，后者的可交换态、碳酸盐结合态和有机结合态所占的比例有明显下降，Fe-Mn 氧化物结合态稍有下降，与此同时，残渣态的占比有显著升高。重金属的形态分布结果与重金属浸出浓度结果趋势一致。由图中可以看出，MSWI FA 中各重金属元素（Zn、Cu、Pb、Cr、Cd 和 Ni）的残渣态比例，由 MSWI FA 的 54.7%、34.1%、71.8%、74.3%、44.1%、30%，分别提升到了 84.4%、46.7%、89.8%、92.6%、79%、77.7%。因此，从上述重金属形态变化来看，改进预处理方法具有稳定 MSWI FA 中重金属的作用，使得重金属浸出浓度下降，由可交换态、碳酸盐结合态和有机结合态向残渣态转变。

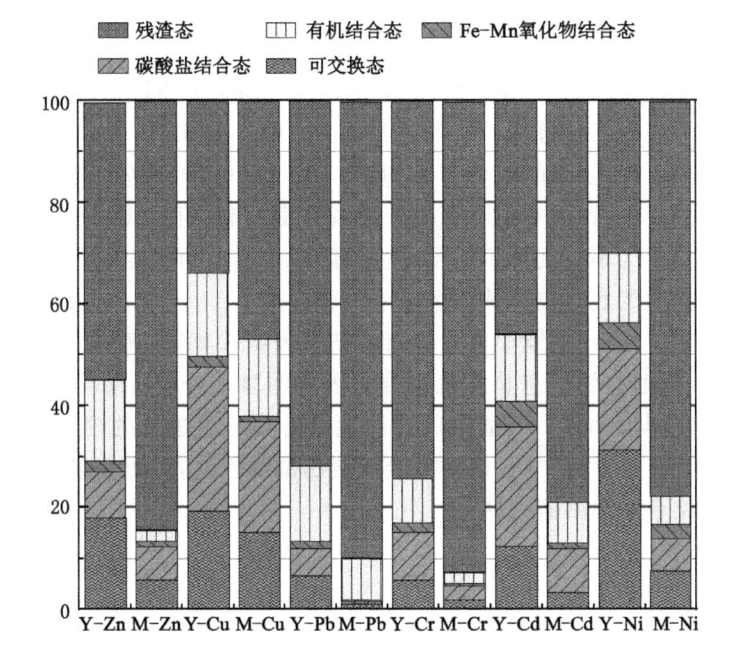

图 5-14  MSWI FA(Y-)和 MSWI FA-CG(M-)重金属元素形态分布

## 5.6 本章小结

本章节主要研究改进预处理方法对 MSWI FA 处置后的物理化学特性变化和微观形貌变化,最重要的是研究了重金属在不同 pH 值时的浸出浓度情况及重金属元素形态分布情况。

(1) 改进预处理方法得到的 MSWI FA-CG,其颗粒粒度更细,比表面积更大,有效提高了物理活性。由 SEM 分析结果可知,MSWI FA-CG 密实度得到很好的补充,颗粒间的连接更加紧密,颗粒表面还生成许多聚合产物将颗粒自身包裹。

(2) pH 值相关性试验指出,改进的预处理方法能够有效地稳定 MSWI FA 中的各种重金属离子,增强其抗酸性和抗碱性,同时提高其酸碱适应性,从而避免受环境 pH 值变化的影响而导致浸出浓度的增大。经过预处理的 MSWI FA-CG 在安全 pH 值范围上有所扩大,从最初的 8～11 扩展到 5.5～13。当 pH 值为 5 时,MSWI FA-CG 中的重金属浸出浓度仍然接近 0,且符合安全填埋标准。在使用改进预处理方法过程中,MSWI FA-CG 中的重金属并不是简单的发生碱性沉淀反应,而是发生了一些不可逆的反应,如生成硅铝酸盐凝胶产物,它可以起到物理包裹的作用、化学吸附作用等。

(3) 本章利用 Visual MINTEQ 软件对 MSWI FA-CG 在不同溶液中的重金属浸出行为进行模拟分析。结果表明,$Zn^{2+}$、$Cu^{2+}$ 和 $Cr^{3+}$ 等重金属离子的浸出浓度,在不同 pH 值时的软件程序拟合结果与试验结果高度吻合,说明三种重金属元素的浸出行为主要受到沉淀-溶解平衡控制。而 Pb、Cd 和 Ni 等重金属元素的浸出行为不仅受到沉淀-溶解平衡控制,还受到吸附作用的影响,使这三种重金属元素的实际浸出浓度远低于拟合结果。

(4) 根据 Tessier 连续提取法提取的结果表明,MSWI FA-CG 中重金属元素可交换态、碳酸盐结合态和有机结合态占比明显下降,Fe-Mn 氧化物结合态占比稍有下降,与此同时,残渣态的占比显著升高。改进预处理方法具有稳定 MSWI FA 中重金属的作用,使得重金属浸出浓度下降,由可交换态、碳酸盐结合态和有机结合态向残渣态转变。

# 6 垃圾焚烧飞灰基膏体充填材料制备及微观机理研究

辽宁省阜新市平安矿区因长期开采已形成大量采空区。煤炭开采洗选排放出的煤矸石,大量堆存则会占用土地资源、污染生态环境,而膏体充填技术能有效避免煤矸石污染环境,保障矿山企业安全生产。传统的膏体充填材料通常是将水泥与砂石等骨料混合后形成类似牙膏状的浆料,但由于水泥生产过程的高能耗、高碳排放,使用水泥作为胶凝材料将会大幅增加碳排放量。因此,研发一种低碳环保的膏体充填材料势在必行。首先基于正交设计试验制备胶凝材料胶砂试件,探究各因素对胶砂强度的影响规律,获得胶凝材料的最优配合比(矿渣掺量为 60%、水玻璃模数为 1.3 和用碱量为 6%)。其次以煤矸石为骨料,采用响应面法设计制备膏体充填材料,结合满意度函数法得到充填材料的最优配合比。最后综合采用微观手段揭示充填材料的胶凝机理,并对其重金属淋溶释放规律进行分析。研究结果可为提高固体废物资源化利用率及其在矿山充填治理工程中的应用提供重要参考。

## 6.1 试验方案与结果

### 6.1.1 试验设计

基于胶凝材料最优配合比,以煤矸石为骨料制备垃圾焚烧飞灰基膏体充填材料。采用 Design-Expert 11 响应面分析软件设计了三因素、三水平的 BBD 响应面试验方案,共 17 组试验,将因素 $A$ 质量浓度(固体材料质量占固体加液体总质量的比例)、因素 $B$ 骨胶比(骨料与胶凝材料质量比)和因素 $C$ 细骨率(细骨料质量与粗细骨料质量比)作为试验变量,将充填材料 28 d 单轴抗压强度、坍落度和成本作为响应值。通过响应面试验探究不同因素对响应值的交互影响,结合满意度函数法优化充填材料配合比。表 6-1 列出了充填材料 BBD 响应面设计方案的因素和水平。

表 6-1　BBD 响应面设计方案的因素和水平

| 因素 | 因素变量符号 | 水平 | | |
|---|---|---|---|---|
| | | −1 | 0 | 1 |
| 质量浓度/% | $A$ | 80 | 81 | 82 |
| 骨胶比 | $B$ | 3 | 3.5 | 4 |
| 细矸率/% | $C$ | 40 | 50 | 60 |

## 6.1.2　试验流程

首先基于胶凝材料最优配合比，按照试验配合比称取垃圾焚烧飞灰、矿渣、煤矸石、水玻璃、氢氧化钠和水；提前将复合激发剂配置完毕并放置 24 h 备用。然后将垃圾焚烧飞灰和矿渣加入搅拌锅中慢速搅拌 60 s，将激发剂溶液倒入搅拌锅中快速搅拌 120 s，再把粗、细骨料拌匀后放入搅拌机，低速搅拌 3 min 后，取出料浆测定坍落度，完成后装入 $\phi 50$ mm×100 mm 的圆柱模具中并用振动台振实，然后将其置于养护箱内在温度为 $(20\pm2)$℃、湿度大于 95% 的环境中养护，24 h 后取出脱模，继续放入标准养护箱养护至指定龄期。最后参考《普通混凝土拌合物性能试验方法标准》(GB/T 50080—2016)[200]测定充填体的表观密度，按照试验的配合比算出每种原材料的单位质量，据各原材料价格计算出成本。其中，充填材料制备流程如图 6-1 所示，制备完成的充填体试件如图 6-2 所示，试验原材料单价见表 6-2。

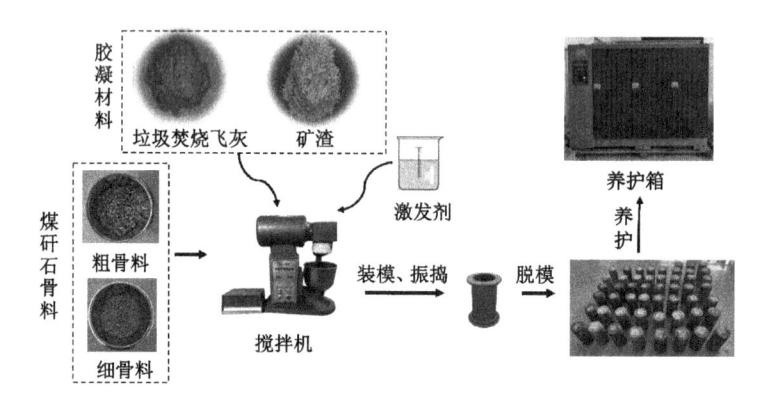

图 6-1　充填材料制备流程

图 6-2 制备完成的充填体试件

表 6-2 原材料单价

| 材料 | 矿渣 | 水玻璃 | 氢氧化钠 | 水 |
|---|---|---|---|---|
| 单价/元 | 240 | 1 000 | 1 500 | 4.1 |

## 6.1.3 试验结果

BBD 响应面法试验结果见表 6-3。

表 6-3 充填材料 BBD 响应面试验结果

| 试验编号 | $A$ 质量浓度/% | $B$ 骨胶比 | $C$ 细矸率/% | $y_1$ 28 d 单轴抗压强度(UCS)/MPa | $y_2$ 坍落度/mm | $y_3$ 成本/元 |
|---|---|---|---|---|---|---|
| 1 | 81 | 4.0 | 60 | 1.50 | 230 | 119.88 |
| 2 | 82 | 3.5 | 60 | 3.28 | 156 | 135.31 |
| 3 | 81 | 3.5 | 50 | 3.01 | 228 | 133.86 |
| 4 | 81 | 3.5 | 50 | 3.32 | 229 | 134.12 |
| 5 | 80 | 4.0 | 50 | 1.08 | 260 | 119.48 |
| 6 | 81 | 3.5 | 50 | 3.14 | 237 | 132.92 |
| 7 | 81 | 3.0 | 40 | 3.62 | 215 | 149.54 |
| 8 | 82 | 3.0 | 50 | 3.65 | 147 | 151.50 |
| 9 | 81 | 3.0 | 60 | 3.50 | 193 | 148.77 |
| 10 | 80 | 3.5 | 60 | 2.36 | 232 | 131.60 |

表 6-3(续)

| 试验编号 | A 质量浓度/% | B 骨胶比 | C 细矸率/% | $y_1$ 28 d 单轴抗压强度(UCS)/MPa | $y_2$ 坍落度/mm | $y_3$ 成本/元 |
|---|---|---|---|---|---|---|
| 11 | 82 | 4.0 | 50 | 2.03 | 185 | 122.28 |
| 12 | 81 | 3.5 | 50 | 3.20 | 227 | 133.75 |
| 13 | 80 | 3.0 | 50 | 3.35 | 245 | 147.98 |
| 14 | 80 | 3.5 | 40 | 2.95 | 265 | 132.19 |
| 15 | 82 | 3.5 | 40 | 3.41 | 179 | 139.07 |
| 16 | 81 | 4.0 | 40 | 1.95 | 246 | 122.22 |
| 17 | 81 | 3.5 | 50 | 2.98 | 235 | 134.12 |

## 6.2 响应面模型拟合

响应面函数的拟合通常用带常数项的二阶模型,其拟合方程如下[201]:

$$y = d_0 + \sum_{i=1}^{k} d_i x_i + \sum_{i=1}^{k} d_{ii} x_i^2 + \sum_{i<j} \sum d_{ij} x_i x_j \quad (6-1)$$

式中:$y$ 代表响应值;$d_0$ 代表常数项系数;$d_i$ 代表一次项系数;$d_{ii}$ 代表二次项系数;$d_{ij}$ 代表交互作用系数;$x_i$、$x_j$ 代表自变量因素。

基于式(6-1)和 17 组响应面试验结果,得到响应值拟合结果如下:

充填材料 28 d 单轴抗压强度拟合函数为:

$$y_1 = -707.6825 + 18.461245A - 13.95B - 0.882375C + 0.325AB + 0.0115AC - 0.0165BC - 0.1225A^2 - 1.92B^2 - 0.000075C^2 \quad (6-2)$$

充填材料坍落度拟合函数为:

$$y_2 = -107114.67 + 2736.324A - 790.95B - 16.75C + 11.5AB + 0.25AC + 0.3BC - 17.475A^2 - 17.9B^2 - 0.057C^2 \quad (6-3)$$

充填材料成本拟合函数为:

$$y_3 = 2956.614 - 73.34A - 25.02B + 6.31C - 0.36AB - 0.079AC - 0.0785BC + 0.498A^2 + 4.232B^2 + 0.0029C^2 \quad (6-4)$$

## 6.3 响应面模型验证

采用方差分析法对各拟合公式进行显著性检验,以评价响应面回归模型的可信度。模型中 $F$ 值和 $P$ 值的大小是评估自变量因素对响应值影响显著与否的关键指标。当 $P$ 值小于 0.05 时,表明该因素对响应面回归模型中响应值的影响是显著的;当 $P$ 值小于 0.001 时,表明该因素对响应值的影响极其显著;当 $P$ 值大于或等于 0.05 时,表明该因素对响应值的影响不显著[202]。对于 $F$ 值,计算所得 $F$ 值大于 $F$ 分布临界值时,才能保证模型具有较高的显著性,同时也可以表示该响应面回归模型具有统计学意义[203]。变异系数和信噪比用于评定模型的精确度,变异系数小于 10%、信噪比大于 4 时表明模型精确度较高[204]。复相关系数($R^2$)、修正决定系数(Adj-$R^2$)是评估模型拟合程度和可信度的重要指标,$R^2$ 表示预测值与试验值的差异程度,$R^2$ 取值在 0~1 之间,且越接近 1,说明模型预测值和试验值差异越小、拟合越好[205]。为了减小自变量数量对拟合精确度的影响,通常用修正决定系数(Adj-$R^2$)来衡量模型拟合度和可信度。

### 6.3.1 充填材料 28 d 单轴抗压强度响应面回归模型的方差分析

充填材料 28 d 单轴抗压强度响应面回归模型的方差分析见表 6-4;充填材料 28 d 单轴抗压强度回归模型验证见表 6-5。

表 6-4 充填材料 28 d 单轴抗压强度响应面回归模型的方差分析

| 数据源 | 平方和 | 自由度 | 均方 | $F$ | $P$ | 显著性 |
| --- | --- | --- | --- | --- | --- | --- |
| 回归模型 | 9.47 | 9 | 1.05 | 82.80 | <0.000 1 | ** |
| $A$ | 0.864 6 | 1 | 0.864 6 | 68.02 | <0.000 1 | ** |
| $B$ | 7.14 | 1 | 7.14 | 562.06 | <0.000 1 | ** |
| $C$ | 0.208 0 | 1 | 0.208 0 | 16.37 | 0.004 9 | ** |
| $AB$ | 0.105 6 | 1 | 0.105 6 | 8.31 | 0.023 6 | * |
| $AC$ | 0.052 9 | 1 | 0.052 9 | 4.16 | 0.080 7 | — |
| $BC$ | 0.027 2 | 1 | 0.027 2 | 2.14 | 0.186 7 | — |
| $A^2$ | 0.063 2 | 1 | 0.063 2 | 4.97 | 0.061 0 | — |
| $B^2$ | 0.970 1 | 1 | 0.970 1 | 76.32 | 0.000 1 | ** |
| $C^2$ | 0.000 2 | 1 | 0.000 2 | 0.018 6 | 0.895 3 | — |
| 残差 | 0.089 0 | 7 | 0.012 7 | | | |
| 失拟项 | 0.011 0 | 3 | 0.003 7 | 0.187 6 | 0.899 7 | |
| 自然误差 | 0.078 0 | 4 | 0.019 5 | | | |
| 总计 | 9.56 | 16 | | | | |

注:"**"为极显著;"*"为显著,"—"为不显著。

表 6-5　充填材料 28 d 单轴抗压强度回归模型验证

| 指标 | $R^2$ | Adj-$R^2$ | Pred-$R^2$ | 信噪比 | 变异系数/% |
|---|---|---|---|---|---|
| 28 d 单轴抗压强度 | 0.990 7 | 0.978 7 | 0.968 9 | 29.779 5 | 3.97 |

由表 6-4 可知:28 d 单轴抗压强度的响应面回归模型 $P<0.000\,1$,说明该响应模型极其显著;失拟项 $P=0.899\,7>0.05$,说明该模型具有良好的拟合性和重现性;因素 $A$、$B$、$C$ 的 $P$ 值都小于 0.01,表明三者对 28 d 单轴抗压强度的作用极为明显,其中因素 $C$ 对 28 d 单轴抗压强度的影响相对前两者较弱;由 28 d 单轴抗压强度响应面回归模型的 $F=82.80>F-\mathrm{crit}(5\%,9,7)=3.68$ 可知,在显著性水平 $\alpha=0.05$ 的前提下 28 d 单轴抗压强度响应面回归模型是显著的且具有统计学意义。

由表 6-5 可知:Adj-$R^2$ 值为 0.978 7,表明预测数据与试验数据十分吻合,模型拟合效果较好,能准确预测试验结果;响应面模型中变异系数值为 3.97%<10%,信噪比为 29.779 5>4,表明该回归模型较好地表征了 28 d 单轴抗压强度响应值的变化,拟合准确度高,结果较为可靠。

### 6.3.2　充填材料坍落度响应面回归模型的方差分析

充填材料坍落度响应面回归模型的方差分析见表 6-6;充填材料坍落度回归模型验证见表 6-7。

表 6-6　充填材料坍落度响应面回归模型的方差分析

| 数据源 | 平方和 | 自由度 | 均方 | $F$ | $P$ | 显著性 |
|---|---|---|---|---|---|---|
| 回归模型 | 18 741.92 | 9 | 2 082.44 | 88.59 | <0.000 1 | ** |
| $A$ | 14 028.12 | 1 | 14 028.12 | 596.76 | <0.000 1 | ** |
| $B$ | 1 830.13 | 1 | 1 830.13 | 77.85 | <0.000 1 | ** |
| $C$ | 1 104.50 | 1 | 1 104.50 | 46.99 | 0.000 2 | ** |
| $AB$ | 132.25 | 1 | 132.25 | 5.63 | 0.049 5 | * |
| $AC$ | 25.00 | 1 | 25.00 | 1.06 | 0.336 7 | — |
| $BC$ | 9.00 | 1 | 9.00 | 0.3829 | 0.555 7 | — |
| $A^2$ | 1 285.79 | 1 | 1 285.79 | 54.70 | 0.000 1 | ** |
| $B^2$ | 84.32 | 1 | 84.32 | 3.59 | 0.100 1 | — |
| $C^2$ | 138.00 | 1 | 138.00 | 5.87 | 0.045 9 | * |
| 残差 | 164.55 | 7 | 23.51 | | | |

表 6-6(续)

| 数据源 | 平方和 | 自由度 | 均方 | F | P | 显著性 |
|---|---|---|---|---|---|---|
| 失拟项 | 83.75 | 3 | 27.92 | 1.38 | 0.369 5 | — |
| 自然误差 | 80.80 | 4 | 20.20 | | | |
| 总计 | 18 906.47 | 16 | | | | |

注:"＊＊"为极显著;"＊"为显著;"—"为不显著。

表 6-7 充填材料坍落度回归模型验证

| 指标 | $R^2$ | Adj-$R^2$ | Pred-$R^2$ | 信噪比 | 变异系数/% |
|---|---|---|---|---|---|
| 坍落度 | 0.991 3 | 0.980 1 | 0.922 4 | 31.631 8 | 2.22 |

由表 6-6 可知:坍落度响应面模型极其显著,回归模型的失拟项 $P>0.05$,说明该模型拟合度较好;因素 $A$、$B$ 和 $C$ 的 $P$ 值都小于 0.01,表明三个因素对坍落度的影响极其显著,其中因素 $C$ 对坍落度的影响相对前两者较弱;由坍落度响应面回归模型的 $F=88.59>F-\mathrm{crit}(5\%,9,7)=3.68$ 可知,在显著性水平 $\alpha=0.05$ 的条件下,该回归模型具有统计学意义。

由表 6-7 可知:Adj-$R^2$ 值为 0.980 1,说明该模型能准确预测坍落度的变化;响应面模型中变异系数<10%,且信噪比大于 4,表明该回归模型能准确表征坍落度的变化,具有合理性和重现性。

### 6.3.3 充填材料成本响应面回归模型的方差分析

充填材料成本响应面回归模型的方差分析见表 6-8;充填材料成本回归模型验证见表 6-9。

表 6-8 充填材料成本响应面回归模型的方差分析

| 数据源 | 平方和 | 自由度 | 均方 | F | P | 显著性 |
|---|---|---|---|---|---|---|
| 回归模型 | 1 675.07 | 9 | 186.12 | 349.19 | <0.000 1 | ＊＊ |
| $A$ | 35.74 | 1 | 35.74 | 67.06 | <0.000 1 | ＊＊ |
| $B$ | 1 622.51 | 1 | 1 662.51 | 3 044.06 | <0.000 1 | ＊＊ |
| $C$ | 6.96 | 1 | 6.96 | 13.05 | 0.008 6 | ＊＊ |
| $AB$ | 0.129 6 | 1 | 0.129 6 | 0.243 1 | 0.637 0 | — |
| $AC$ | 2.51 | 1 | 2.51 | 4.71 | 0.066 5 | — |
| $BC$ | 0.616 2 | 1 | 0.616 2 | 1.16 | 0.317 9 | — |

表 6-8(续)

| 数据源 | 平方和 | 自由度 | 均方 | F | P | 显著性 |
|---|---|---|---|---|---|---|
| $A^2$ | 1.04 | 1 | 1.04 | 1.96 | 0.204 3 | — |
| $B^2$ | 4.71 | 1 | 4.71 | 8.84 | 0.020 7 | * |
| $C^2$ | 0.355 3 | 1 | 0.355 3 | 0.666 6 | 0.441 1 | — |
| 残差 | 3.73 | 7 | 0.533 0 | | | |
| 失拟项 | 2.76 | 3 | 0.918 8 | 3.77 | 0.116 2 | — |
| 自然误差 | 0.974 7 | 4 | 0.243 7 | | | |
| 总计 | 1 678.80 | 16 | | | | |

注:"＊＊"为极显著;"＊"为显著,"—"为不显著。

表 6-9　充填材料成本回归模型验证

| 指标 | $R^2$ | Adj-$R^2$ | Pred-$R^2$ | 信噪比 | 变异系数/% |
|---|---|---|---|---|---|
| 成本 | 0.997 8 | 0.994 9 | 0.972 8 | 58.416 9 | 0.542 3 |

由表 6-8 可知:响应面回归模型极其显著,回归模型的失拟项 $P=0.116\ 2>0.05$,表明模型的拟合程度较高、差异性较小;因素 $A$、$B$、$C$ 的 $P$ 值均小于 0.01,说明这三个因素对成本的影响极其显著,其中因素 $C$ 对成本的影响相对前两者较弱;由成本响应面回归模型的 $F=349.19>F-\text{crit}(5\%,9,7)=3.68$ 可知,在显著性水平 $\alpha=0.05$ 的条件下,该回归模型具有显著性并且拥有统计学上的意义。

由表 6-9 可知:Adj-$R^2$ 值为 0.994 9,表明预测值和试验值十分吻合,模型拟合效果较好,能精确地预测成本变化;响应面模型中变异系数值<10%,同时信噪比>4,表明该回归模型较好地表征了成本响应值的变化,进一步表明该响应面回归模型拟合准确度高,结果较为可靠。

## 6.3.4　关联性分析

为了进一步验证模型的预测值与试验值的相关性,分别以三个响应值(28 d 单轴抗压强度、坍落度和成本)的试验值和预测值为横纵坐标建立关联性对比图,如图 6-3 所示。从图 6-3 中可以看出,三个响应值的预测值与试验值几乎在一条直线上,表明试验值与预测值比较接近,误差不大,同时也表明了该模型的拟合精度较高。

## 6 垃圾焚烧飞灰基膏体充填材料制备及微观机理研究

(a) 28 d 单轴抗压强度

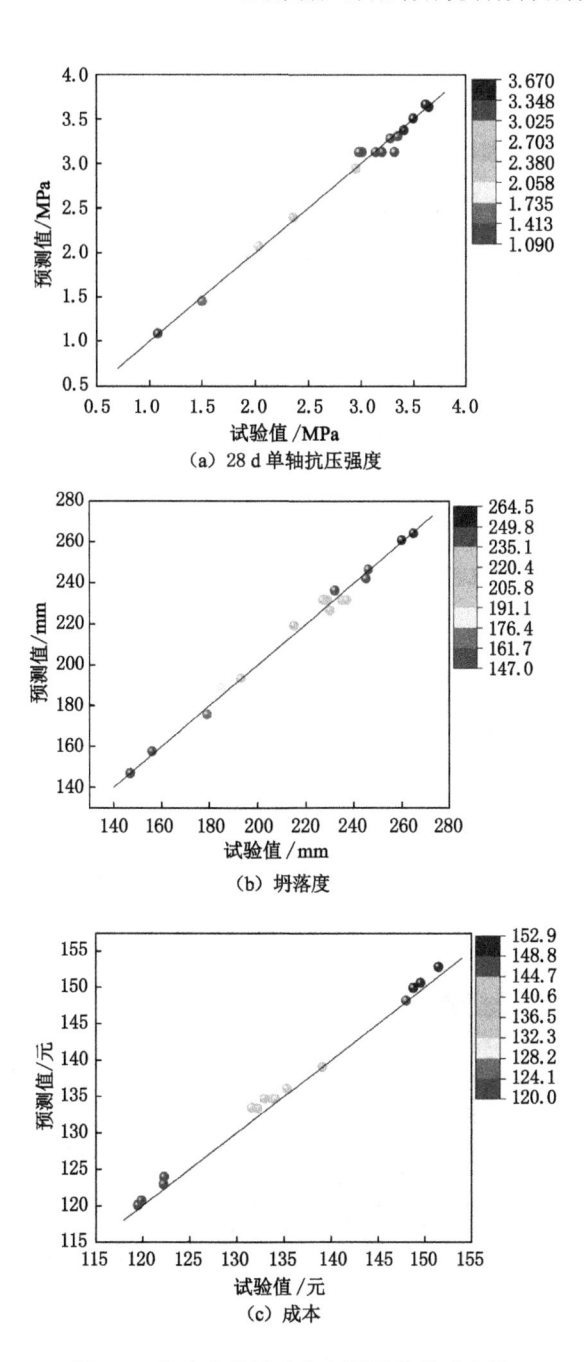

(b) 坍落度

(c) 成本

图 6-3 各响应值试验值和预测值的对比图

## 6.4 响应面模型交互作用分析

### 6.4.1 各因素对 28 d 单轴抗压强度的交互作用分析

由表 6-4 发现,因素 $A$ 质量浓度、因素 $B$ 骨胶比和因素 $C$ 细矸率对 28 d 单轴抗压强度具有交互影响,$AB$ 项的 $P=0.0236<0.05$,表明质量浓度与骨胶比的交互作用显著,$AC$、$BC$ 项的 $P$ 值均大于 0.05,表明质量浓度与细矸率、骨胶比和细矸率的交互作用不显著。基于 28 d 单轴抗压强度的响应面回归模型,建立不同因素对 28 d 单轴抗压强度的交互作用响应曲面图和等高线图,如图 6-4~图 6-6 所示。

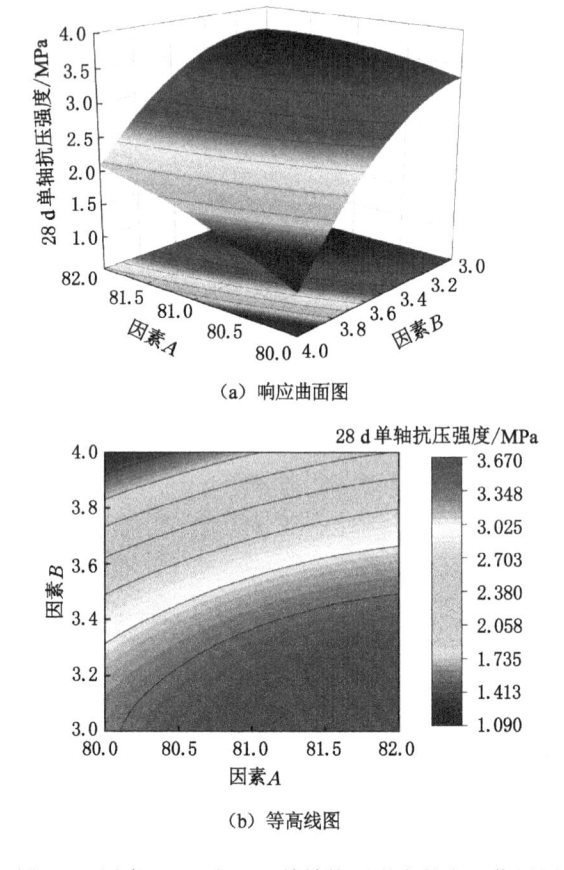

(a) 响应曲面图

(b) 等高线图

图 6-4 因素 $A$、$B$ 对 28 d 单轴抗压强度的交互作用图

(a) 响应曲面图

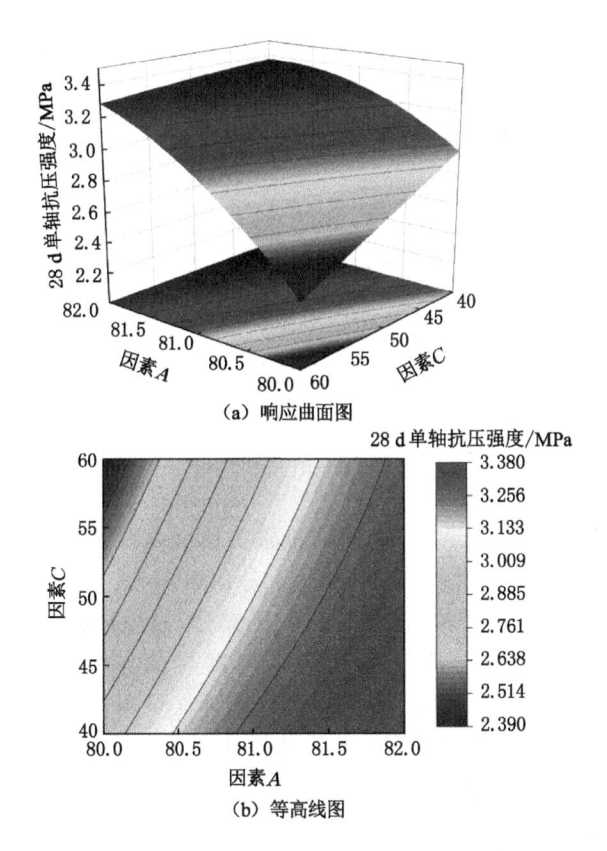

(b) 等高线图

图 6-5 因素 $A$、$C$ 对 28 d 单轴抗压强度的交互作用图

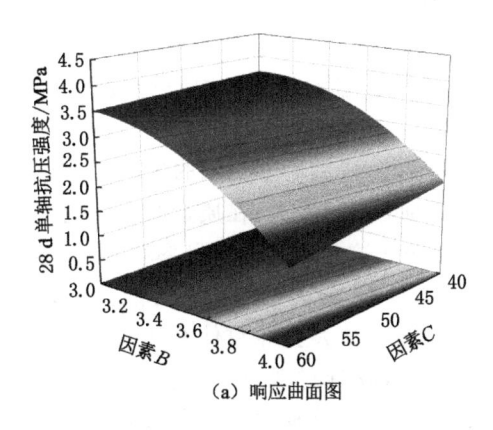

(a) 响应曲面图

图 6-6 因素 $B$、$C$ 对 28 d 单轴抗压强度的交互作用图

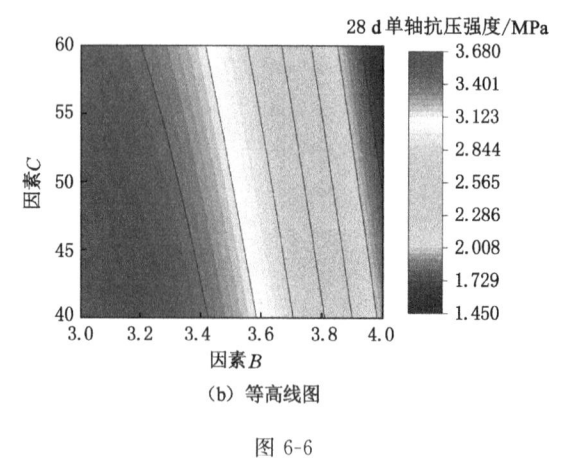

图 6-6

由图 6-4(a)可知,充填材料 28 d 单轴抗压强度随因素 $B$ 骨胶比的增大而减小,随因素 $A$ 质量浓度的增大而增大。原因可能为:骨胶比较小时,胶凝材料用量相对较多,体系活性较高,体系反应更充分,充填体抗压强度较大;当质量浓度增大时,充填材料内部密实度较好,骨料与聚合产物形成的密实结构对试件单轴抗压强度贡献较大,而低质量浓度下充填材料中的胶凝材料和煤矸石骨料之间相互作用不足,不利于单轴抗压强度的提高。同时,响应曲面出现较明显的弯曲,进一步表明骨胶比和细矸率对 28 d 单轴抗压强度的交互作用显著。

由图 6-4(b)可知:在质量浓度不变的情况下,骨胶比从 3 增加到 4 时,充填材料 28 d 单轴抗压强度显著降低;当质量浓度处于低水平时,随着骨胶比的增大,等高线分布逐渐密集,变化速率较快;当骨胶比一定时,28 d 单轴抗压强度随质量浓度升高而逐渐增大,但增长幅度较小,等高线变化速率不明显。

由图 6-5(a)可知:在因素 $C$ 细矸率相同的情况下,充填材料 28 d 单轴抗压强度随因素 $A$ 质量浓度的增加而增大;在质量浓度不变的情况下,细矸率越大,其 28 d 单轴抗压强度越小。这是因为当细矸率增大时,细骨料在体系中的分布和排列可能导致振捣效果变差,较多的细骨料可能会对试件的成型和内部结构产生不良影响。另外,细矸率较大会导致体系比表面积较大,胶凝材料用量一定的情况下,浆体严重不足,胶凝材料聚合反应的化学凝聚效应和原材料粒子间的物理凝聚效果减弱,也会使单轴抗压强度降低。此外,当细骨料比例较高时,细骨料可能取代部分粗骨料的支撑作用,不利于充填材料单轴抗压强度的形成。响应曲面图弯曲不明显,说明因素 $A$、$C$ 对充填材料 28 d 单轴抗压强度的交互作用不显著,这与表 6-4 中的结论(交互项 $AC$ 的 $P$ 值大于 0.05,表明因素 $A$、$C$ 对单轴抗压强度的交互作用不显著)相互印证。

由图 6-5(b)可知:当细矸率一定时,随着质量浓度的增大,等高线变化幅度较大;当质量浓度恒定时,随的细矸率逐渐增大,等高线变化幅度不大。这表明质量浓度比细矸率对 28 d 单轴抗压强度的影响更大。图中等高线相互平行且疏密变化不明显,验证了质量浓度和细矸率对 28 d 单轴抗压强度的交互作用不显著。

由图 6-6(a)可知:当细矸率恒定时,充填材料 28 d 单轴抗压强度随骨胶比的增大而减小;当骨胶比恒定时,28 d 单轴抗压强度随细矸率的增大逐渐减小。其中,相较于细矸率,骨胶比增长引起单轴抗压强度的变化幅度更大,说明与细矸率相比,骨胶比对充填材料 28 d 单轴抗压强度的影响更显著。另外,响应曲面图弯曲不明显,说明了因素 $B$、$C$ 对充填材料 28 d 单轴抗压强度的交互作用不显著。

由图 6-6(b)可知:在骨胶比一定的前提下,随着细矸率的增加,充填材料 28 d 单轴抗压强度无显著变化;当细矸率不变时,其 28 d 单轴抗压强度随骨胶比的增加变化速率较快,抗压强度变化范围较大。这说明相比于细矸率,骨胶比对 28 d 单轴抗压强度的影响更大。图中等高线相互平行且疏密变化不明显,进一步印证了质量浓度和细矸率对 28 d 单轴抗压强度的交互作用不显著。

### 6.4.2 各因素对坍落度的交互作用分析

由表 6-6 可知,$A$ 质量浓度、$B$ 骨胶比和 $C$ 细矸率三因素之间对坍落度具有交互影响,其中交互项 $AB$ 的 $P$ 值为 0.049 5 小于 0.05,说明质量浓度和骨胶比对坍落度的交互作用是显著的,交互项 $AC$ 和 $BC$ 的 $P$ 值分别为 0.336 7 和 0.555 7,均大于 0.05,说明质量浓度和细矸率、骨胶比和细矸率对坍落度的交互作用不显著。基于坍落度的响应面回归模型,建立不同因素对坍落度的交互作用响应曲面图和等高线图,如图 6-7~图 6-9 所示。

由图 6-7(a)可知:在因素 $A$ 质量浓度不变的情况下,坍落度随因素 $B$ 骨胶比的增加而增大;当骨胶比不变时,质量浓度升高,坍落度随之减小。这是因为当骨胶比增大时,胶凝材料占比减小,体系料浆中的水分相对较多,使得坍落度变大;同样,当质量浓度较小时,体系中含水量升高,使得料浆的坍落度增大。另外,响应曲面图具有较为明显的弯曲,说明质量浓度和骨胶比的交互作用显著,这和表 6-6 中的结论(交互项 $AB$ 的 $P$ 值小于 0.05,表明因素 $A$、$B$ 对坍落度的交互作用显著)相一致。

(a) 响应曲面图

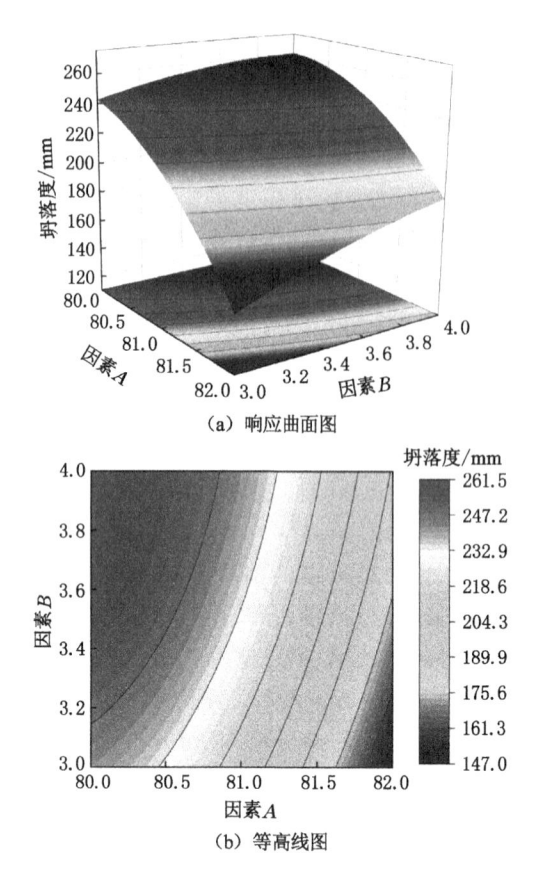

(b) 等高线图

图 6-7 因素 $A$、$B$ 对坍落度的交互作用图

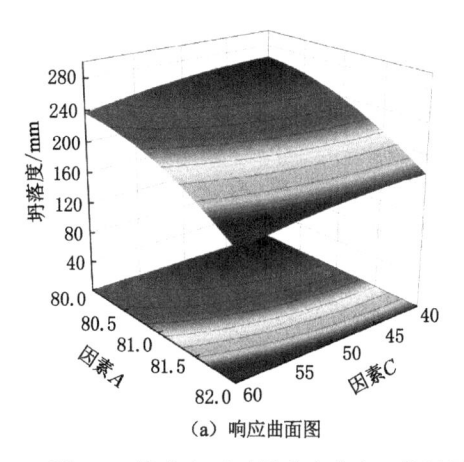

(a) 响应曲面图

图 6-8 因素 $A$、$C$ 对坍落度的交互作用图

(b) 等高线图

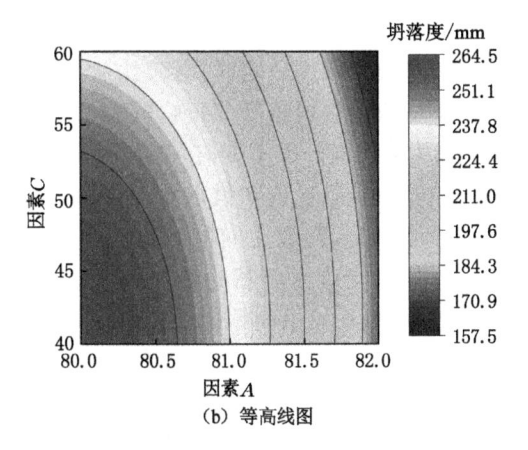

图 6-8(续)

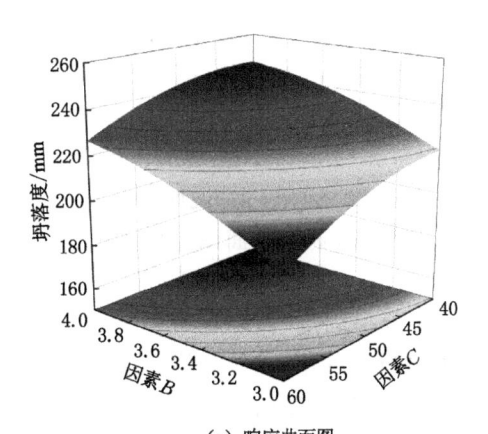

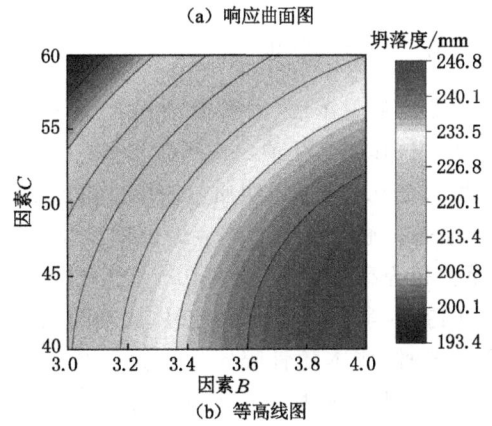

(a) 响应曲面图

(b) 等高线图

图 6-9 因素 $B$、$C$ 对坍落度的交互作用图

由图 6-7(b)可知：当骨胶比恒定时，坍落度随质量浓度的升高变化幅度较大，等高线变化速率较快；当质量浓度一定时，骨胶比从 3 增加到 4，坍落度的变化幅度不明显。这表明质量浓度对坍落度的影响较大。

由图 6-8(a)可知：在因素 $C$ 细矸率不变时，随着因素 $A$ 质量浓度的不断增大，充填材料坍落度逐渐减小；当质量浓度恒定时，细矸率增大使坍落度呈下降趋势。这是因为当细矸率增加时，颗粒之间的摩擦阻力增大，从而使料浆更加稠密，坍落度相应减小。此外，响应曲面图的弯曲不明显，说明因素 $A$、$C$ 对坍落度的交互作用不显著，这与表 6-6 中的结论（交互项 $AC$ 的 $P$ 值大于 0.05，表明因素 $A$、$B$ 对坍落度的交互作用不显著）相一致。

由图 6-8(b)可知：质量浓度不变时，随着细矸率的逐渐增大，等高线变化趋势不明显；当细矸率一定时，随着质量浓度不断增大，等高线变化速率较快，坍落度变化范围较大。这表明质量浓度比细矸率对坍落度的影响更显著。

由图 6-9(a)可知：当因素 $C$ 细矸率一定时，充填材料坍落度随因素 $B$ 骨胶比的减小而减小；当骨胶比不变时，坍落度随细矸率的增大而逐渐减小。这是因为骨胶比减小和细矸率增大会增加料浆中的固体颗粒含量，从而增加了料浆浓度，而浓度的增加会使料浆黏稠度增大，使得坍落度降低。相较于细矸率，骨胶比增大引起坍落度的变化幅度相对较大，说明与细矸率相比，骨胶比对充填材料坍落度的影响更显著。此外，响应曲面图弯曲不明显，说明因素 $B$、$C$ 对坍落度的交互作用不显著。

由图 6-9(b)可知：当细矸率固定时，随着骨胶比增大，等高线变化速率较快；当骨胶比固定时，随着细矸率的增大，等高线变化速率较小，变化范围不大。这表明相较于细矸率，骨胶比对坍落度的影响更显著。

### 6.4.3 各因素对成本的交互作用分析

由表 6-8 可知，因素 $A$ 质量浓度、因素 $B$ 骨胶比和因素 $C$ 细矸率之间对充填材料成本存在交互作用，其中交互项 $AB$、$AC$ 和 $BC$ 的 $P$ 值分别为 0.637 0、0.066 5 和 0.317 9，均大于 0.05，这说明质量浓度、骨胶比和细矸率三者之间对成本的交互作用均不显著。通过成本的响应面回归模型，建立不同因素对成本的交互作用响应曲面图和等高线图，如图 6-10～图 6-12 所示。

由图 6-10(a)可知：在因素 $B$ 骨胶比恒定时，成本随因素 $A$ 质量浓度的增大而增加；当质量浓度一定时，成本随骨胶比的增大而减少。这是因为质量浓度高即整体固体物质占比高，胶凝材料占比增大导致成本增加；当骨胶比增大时，煤矸石骨料用量增多，胶凝材料用量减少，而煤矸石属于固体废物，不会消耗额外的成本，增大骨胶比可使成本降低。此外，响应曲面较为规整，说明质量浓度

6 垃圾焚烧飞灰基膏体充填材料制备及微观机理研究

(a) 响应曲面图

(b) 等高线图

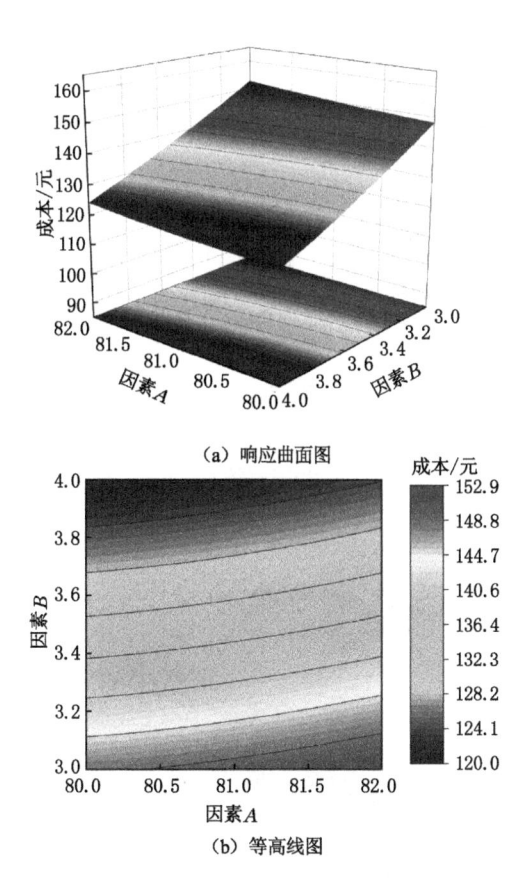

图 6-10 因素 $A$、$B$ 对成本的交互作用图

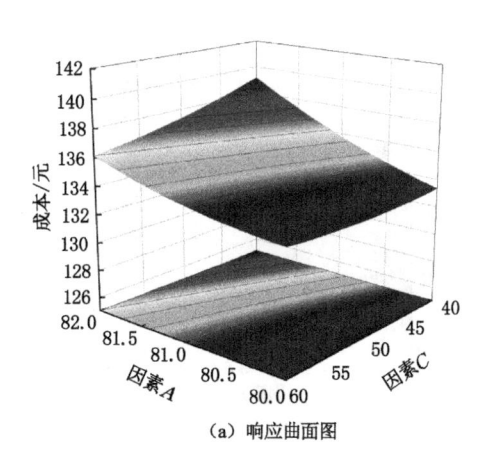

(a) 响应曲面图

图 6-11 因素 $A$、$C$ 对成本的交互作用图

(b) 等高线图

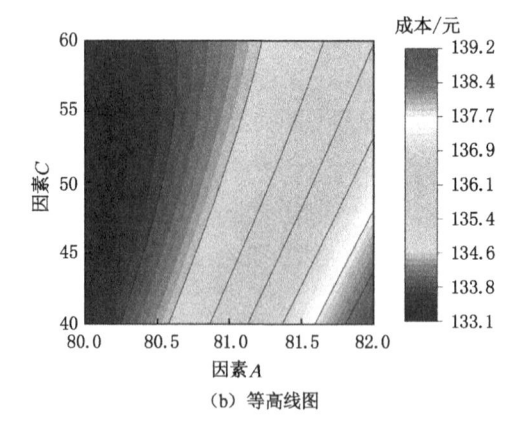

图 6-11(续)

(a) 响应曲面图

(b) 等高线图

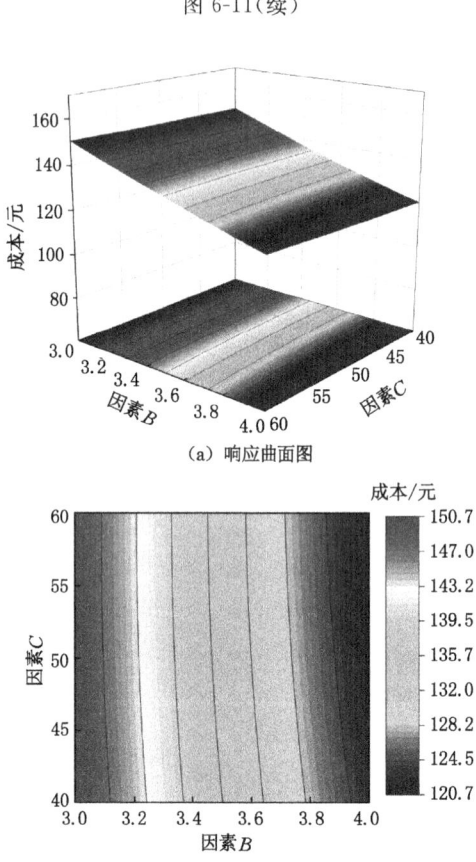

图 6-12 因素 $B$、$C$ 对成本的交互作用图

和骨胶比对成本的交互作用不显著,这和表 6-8 中的结论(交互项 $AB$ 的 $P$ 值大于 0.05,表明因素 $A$、$B$ 对成本的交互作用不显著)相一致。

由 6-10(b)可知:当骨胶比固定时,随着质量浓度的增大,成本变化范围不大;当质量浓度固定时,成本随着骨胶比的增大变化范围较大,等高线变化速率较快。这说明相较于质量浓度,骨胶比对成本的影响更大。

由图 6-11(a)可知:在因素 $C$ 细矸率恒定时,成本随因素 $A$ 质量浓度的增大而增加;当质量浓度一定时,细矸率增加导致成本呈现下降趋势。原因是细矸率提高会促使充填材料内的气孔数量增加,即使质量保持不变,煤矸石细骨料的用量也会相应增加,使得充填材料体积增大,导致单位质量的成本降低,使总体成本下降。此外,响应曲面图弯曲程度不明显,说明因素 $A$、$C$ 对成本的交互作用不显著,这与表 6-7 中的结论(交互项 $AC$ 的 $P$ 值大于 0.05,表明因素 $A$、$C$ 对成本的交互作用不显著)相互印证。

由图 6-11(b)可知:质量浓度不变时,随着细矸率的提高,等高线变化不明显;当细矸率保持不变时,随着质量浓度的不断提升,等高线的演变速率明显加快,进而拓宽了成本变化的范围。这表明在对成本产生影响的因素中,质量浓度的作用较细矸率更显著。此外,细矸率一定时,随着质量浓度的增大,等高线分布由稀疏趋向紧密,这可能是因为质量浓度处于低水平时振实效果较好,减少了气孔和空隙的形成,同时由于充填材料体积变化较小,细矸率对成本的影响相对较小;质量浓度处于高水平时,料浆较稠,振捣过程中可能无法充分振实,导致充填材料中存在较多气孔和空隙,细矸率对气泡的产生和分布会有较大的影响,进而对成本产生一定影响。

由图 6-12(a)可知:在因素 $C$ 细矸率保持恒定的情况下,充填材料的成本会随因素 $B$ 骨胶比降低而显著增加;在骨胶比保持不变时,成本则随细矸率的提高而相应下降。相较于细矸率,骨胶比增大引起成本的变化幅度相对较大,说明骨胶比对充填材料成本的影响更显著。响应曲面较为规整,没有明显弯曲,说明骨胶比和细矸率对成本的交互作用不显著,这和表 6-8 中的结论(交互项 $BC$ 的 $P$ 值大于 0.05,说明因素 $B$、$C$ 对成本的交互作用不显著)相一致。

由图 6-12(b)可知:当细矸率固定时,随着骨胶比的增大,等高线变化速率较快,变化范围较大;当骨胶比固定时,随着细矸率的增大,等高线变化速率不大,变化范围不大。等高线之间近似互相平行且疏密变化不明显,这说明骨胶比和细矸率对成本的交互作用不显著。

## 6.5 满意度函数法配合比优化

利用满意度函数法对垃圾焚烧飞灰基膏体充填材料的三个响应值进行优化,寻求最优配合比。具体优化流程如下:首先,根据各个响应值的类型[maximum(望大型)、minimum(望小型)和 target(望目型)]将每个响应值与单满意度函数 $d_i$ ——对应,各响应值对应的单满意度函数方程式如式(6-5)~式(6-7)所示。然后,基于响应面 BBD 试验数据,将各个响应值的上限($H_i$)、下限($L_i$)和响应面方程式($X$、$Y$ 和 $Z$)代入各单满意度函数中。最后,满意度函数 $D$ 是所有单满意度函数的几何平均值,对其进行非线性拟合,当 $D$ 取最大值时,各个单满意度函数参数值即充填材料优化后的最优配合比[206]。

本研究中单满意度函数的优化原则为:实现充填材料 28 d 单轴抗压强度最大化,坍落度值应满足所需的流动性要求和成本最小化。所以,28 d 单轴抗压强度的单满意度函数 $d_1$ 以"maximum"为目标;成本的单满意度函数 $d_3$ 以"minimum"为目标;相关研究[207-208]表明,坍落度大于 190 mm 时,料浆可以达到自流和泵送要求,故本研究中坍落度目标值取 200 mm。

28 d 单轴抗压强度的望大型满意度函数为[209]:

$$d_1 = \begin{cases} 0, & X \leqslant L_1 \\ \left(\dfrac{X - L_1}{H_1 - L_1}\right)^{wt_1}, & L_1 < X < H_1 \\ 1, & X \geqslant H_1 \end{cases} \quad (6\text{-}5)$$

式中:$d_1$ 为 28 d 单轴抗压强度单满意度函数;$X$ 代表 28 d 单轴抗压强度响应面函数值;$L_1$ 代表响应曲面 BBD 试验中 28 d 单轴抗压强度的最小值;$H_1$ 代表响应曲面 BBD 试验中 28 d 单轴抗压强度的最大值;$wt_1$ 为满意度函数中的权重因子,其取值范围为 0.1~10,权重因子是决定满意度函数形状的关键参数。当权重因子取值为 1 时,满意度函数呈线性变化,意味着对于该目标取值的重视程度是平衡的;当权重因子取值小于 1 时,满意度函数为凸函数,说明在优化过程中,该目标的取值对满意度的影响相对较小;当取值大于 1 时,满意度函数为凹函数,说明该目标的取值对满意度的影响较大。因此,本研究的权重因子取值为 1。

坍落度的望目型满意度函数为[209]:

$$d_2 = \begin{cases} 0, & Y \leqslant L_2 \\ \left(\dfrac{Y-L_2}{T_1-L_2}\right)^{wt_2}, & L_2 < Y < H_2 \\ 1, & Y = T_2 \\ \left(\dfrac{H_2-Y}{H_2-T_2}\right)^{wt_2}, & T_2 < Y < H_2 \\ 0, & Y \geqslant H_2 \end{cases} \tag{6-6}$$

式中：$d_2$ 为坍落度单满意度函数；$Y$ 代表坍落度 BBD 响应面函数值；$L_2$ 代表响应曲面 BBD 试验中坍落度的最小值；$H_2$ 代表响应曲面 BBD 试验中坍落度的最大值；$T_2$ 代表坍落度的目标值，本试验取值为 200 mm；$wt_2$ 为权重因子，此处取值为 1。

成本望小型满意度函数为[209]：

$$d_3 = \begin{cases} 1, & Z \leqslant L_3 \\ \left(\dfrac{H_3-Z}{H_3-L_3}\right)^{wt_3}, & L_3 < Z < H_3 \\ 0, & Z \geqslant H_3 \end{cases} \tag{6-7}$$

式中：$d_3$ 为成本的满意度函数；$Z$ 代表成本 BBD 响应面函数值；$L_3$ 代表响应面 BBD 试验中成本最小值；$H_3$ 代表响应面 BBD 试验中成本的最大值；$wt_3$ 为权重因子，此处取值为 1。

最后基于 $d_1$、$d_2$ 和 $d_3$ 三个满意度函数，建立整体的满意度函数 $D$ 为[209]：

$$D = d_1^{r_1} \cdot d_2^{r_2} \cdot d_3^{r_3} \tag{6-8}$$

式中：$r_i$ 代表各响应值的重要程度，相关文献[209]表明，该配合比优化过程 28 d 单轴抗压强度、坍落度和成本的重要程度相等，即 $r_1 = r_2 = r_3$。

通过上述优化分析，得到质量浓度 81.65%、骨胶比 3.67、细矸率 52.27% 为本试验的最优配合比，在此配合比下，充填材料的 28 d 单轴抗压强度、坍落度和成本的预测值分别为 2.9 MPa、200 mm 和 130.16 元。按照得出的最优配合比制备膏体充填材料，其 28 d 单轴抗压强度、坍落度和成本分别为 2.86 MPa、193 mm 和 129.77 元。通过式(6-9)计算预测值和试验值的相对误差，其中 28 d 单轴抗压强度的相对误差为 1.38%，坍落度的相对误差为 3.5%，成本的相对误差为 0.3%，三者相对误差较小，表明结果较为可靠。

$$ARD = \dfrac{试验值-预测值}{试验值} \times 100\% \tag{6-9}$$

式中：ARD 代表相对误差。

最后，按照最优配合比制备填充材料，养护 1 d、3 d、7 d、14 d 和 28 d 后，对其进行单轴压缩试验,测得各龄期抗压强度依次为 0.74 MPa、1.43 MPa、1.96 MPa、2.41 MPa 和 2.86 MPa。据此绘制图 6-13,以展示在不同养护龄期充填材料抗压强度随时间的演进规律。

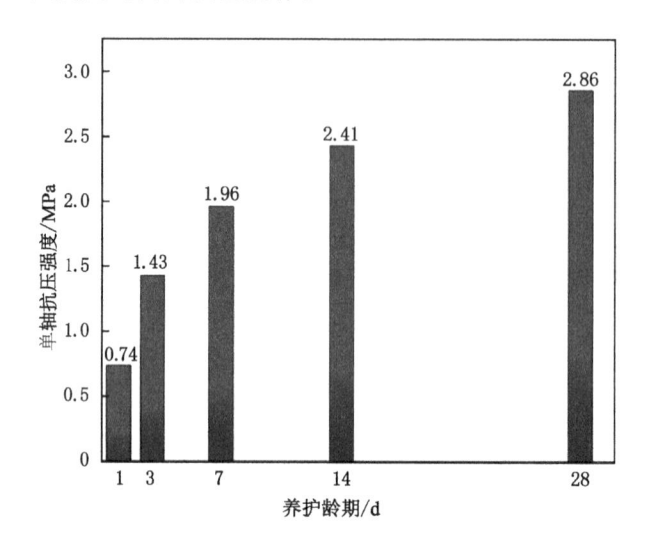

图 6-13　不同养护龄期下充填材料的抗压强度

## 6.6　充填材料微观机理分析

### 6.6.1　FTIR 分析

图 6-14 为最优配合比下不同养护龄期下充填材料的 FTIR 图,由图可知,从 400~4 000 cm$^{-1}$ 波数范围内,不同养护龄期的 FTIR 图类似,说明不同养护龄期下反应产物大致相同。FTIR 图中的特征峰主要出现在 3 459.7 cm$^{-1}$、1 644.03 cm$^{-1}$、1 452.24 cm$^{-1}$、1 024.63 cm$^{-1}$、875.37 cm$^{-1}$、787.31 cm$^{-1}$、693.28 cm$^{-1}$、535 cm$^{-1}$ 和 467.16 cm$^{-1}$ 处。其中,3 459.7 cm$^{-1}$ 和 1 644.03 cm$^{-1}$ 处的吸收峰分别代表结晶水羟基 O—H 的伸缩振动和层间水的 H—O—H 键的弯曲振动[210],随着养护龄期的延长,结晶水的特征峰逐渐变尖,层间水的吸收带变宽;1 452 cm$^{-1}$ 和 875.37 cm$^{-1}$ 处出现的吸收峰分别代表 $CO_3^{2-}$ 中 C—O 键的伸缩振动和弯曲振动[211],充填材料发生碳化生成 $CaCO_3$ 是该处特征峰形成的原因;467.16 cm$^{-1}$ 处为 Si—O 键弯曲振动峰,1 024.63 cm$^{-1}$ 处的特征吸收峰代表 Si—O 键或 Al—O 键的不对称伸缩振动,与体系中 C—(A)—S—H 或

N—A—S—H 凝胶相对应[146]，随着养护龄期的延长，该特征峰逐渐变尖锐，说明体系内部的聚合反应逐渐变充分；693.28 cm$^{-1}$ 和 787.31 cm$^{-1}$ 处的红外吸收峰在不同养护龄期均同时出现，这通常是由沸石类的四配位原子团 $TO_4$（$T$ 为四面体 Si 或者 Al）的对称振动引起的[147]。535 cm$^{-1}$ 处的吸收峰代表 $SO_4^{2-}$ 中的 S—O 键的弯曲振动，表明体系中生成了少量钙矾石[141]。

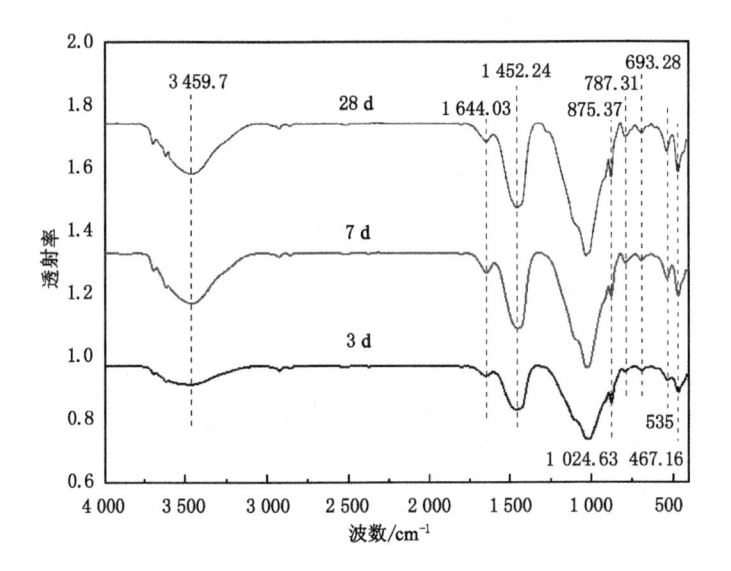

图 6-14 不同养护龄期下充填材料的 FTIR 图

## 6.6.2 SEM 分析

为更好地理解垃圾焚烧飞灰基膏体充填材料的强度形成机制，试验选取最优配合比的充填材料作为分析对象。充填材料不同龄期的微观形貌如图 6-15 所示。图 6-15(a) 和图 6-15(b) 为 3 d 充填材料放大 2 000 和 5 000 倍的 SEM 微观形貌图，从图中可以看出，充填材料 3 d 龄期时，整体形貌较为简单，反应产物较少，颗粒之间连接不紧密，存在较多孔隙，内部结构排布较为疏松，主要是因为养护龄期较短，体系中聚合反应不充分。

图 6-15(c) 为 28 d 充填材料放大 2 000 倍的 SEM 微观形貌图，可以看出与 3 d 龄期相比，反应产物明显增多，内部孔隙明显减小，整体结构更加致密。28 d 充填材料放大 5 000 倍的 SEM 微观形貌图如图 6-15(d) 所示，从图中可发现材料表面附着絮状、粒状和蜂窝状产物，可能是 C—(A)—S—H 凝胶与 N—A—S—H 凝胶产物交缠在一起了。随着养护龄期增长，聚合反应更充分，生成更多硅铝

(a) 3 d-2 000倍

(b) 3 d-5 000倍

(c) 28 d-2 000倍

(d) 28 d-5 000倍 （凝胶产物）

图 6-15　最优配合比下充填材料 SEM 微观形貌图

酸盐凝胶产物，而凝胶类产物之间的黏结作用可以使结构内部孔隙率明显降低，整体表现更加致密，这也是随着养护龄期增长充填材料强度得以提升的原因。

## 6.7　重金属淋溶释放规律分析

为检验膏体充填材料的环境稳定性，参照《水平振荡法》(HJ 557—2010)，将最优配合比的充填材料养护至不同龄期后置于室温环境中使其干燥，将干燥后的样品破碎并用 3 mm 的筛子筛选，保留通过筛子的样品，称取 100 g 干基试样，放入提取瓶中，根据样品含水率，按照液固比 10∶1(L/kg)的比例计算出浸提剂体积，加入适当的浸提剂并将瓶盖盖紧[212]。将提取瓶垂直固定在水平振荡装置上，调节其振荡频率为 110 r/min、振幅为 40 mm。在室温下持续振荡 8 h，静置 16 h，用滤纸过滤后采用 ICP-MS 法测定不同养护时间下浸出液中重金属离子浸出浓度，检测结果如图 6-16 所示。

图中黑色柱状体表示用弱酸性溶液作为浸提剂，灰色柱状体表示用中性的

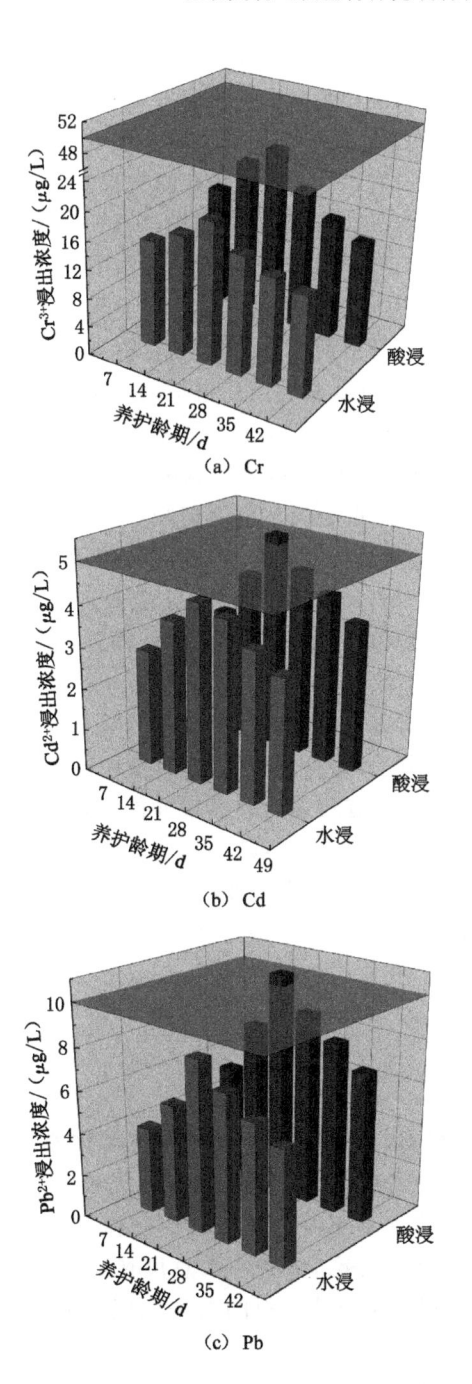

# 6 垃圾焚烧飞灰基膏体充填材料制备及微观机理研究

(a) Cr

(b) Cd

(c) Pb

图 6-16 不同养护龄期下重金属离子浸出浓度的变化趋势

水溶液作为浸提剂。从图6-16中可以看出,重金属$Pb^{2+}$和$Cd^{2+}$的浸出浓度在21 d的浸出浓度略高于标准限值($Pb^{2+}$的标准限值为10 μg/L,$Cd^{2+}$的标准限值为5 μg/L),养护龄期21 d后三种重金属的浸出浓度均降低,养护龄期为28 d时均满足国家标准限值,表明28 d龄期固化稳定效果最明显。

随着养护龄期的延长,充填材料重金属离子浸出浓度整体上呈现升高的趋势。这可能是因为不稳定态重金属含量高且试件中存在易浸出的不稳定态重金属,如酸性可浸提态和可还原浸提态,这些重金属形态相对容易溶解和释放到浸出液中[213],导致前期浸出液中重金属浓度较高;此外,试件内部存在开口孔道,固化不完全的重金属可以通过该孔道被溶出,随着养护龄期的增长,更多的重金属离子可以通过该孔道进入浸出液中,造成浸出液中重金属离子浓度逐渐升高。当养护龄期延长到21 d后,重金属离子浸出浓度整体呈下降趋势,这可能是因为体系中不稳定态重金属含量逐渐减小,不易浸出的较稳定态重金属含量相对增多,使重金属离子浸出浓度逐渐降低;随着养护龄期的延长,体系中反应生成的C—(A)—S—H和N—A—S—H凝胶产物逐渐增多,基体结构更加密实,可有效吸附、包裹和化学结合重金属,从而抑制其迁移与浸出。酸性溶液环境下重金属离子浸出浓度高于中性水溶液环境下重金属离子浸出浓度,且中性水溶液条件下重金属离子浸出浓度的变化趋势比酸性溶液条件下缓慢,原因可能是试件中重金属离子的浸出需要消耗溶液中的$H^+$,在弱酸环境下,碱激发垃圾焚烧飞灰充填材料具有较强的酸性缓冲能力,可抵抗弱酸环境对试件碱度的削弱,然而,醋酸不断解离出的$H^+$会对试件碱度持续削弱,使C—(A)—S—H和N—A—S—H凝胶结构遭到破坏,进而导致重金属离子浸出浓度增大[214];在中性水溶液环境下,试件结构不变,对重金属固化作用不会丧失,因此重金属离子浸出浓度小,变化趋势相对较缓。

## 6.8 本章小结

基于所研发胶凝材料,以煤矸石为骨料制备膏体充填材料。通过BBD响应曲面法探究质量浓度、骨胶比和细矸率对膏体充填材料28 d单轴抗压强度、坍落度和成本的影响,建立了不同响应值的回归模型,以深入解析各变量对响应指标影响的显著性和交互效应,结合满意度函数得到其最优配合比,通过FTIR、SEM测试手段揭示了充填材料的微观机理并探究了重金属淋溶释放规律,研究结果表明:

(1)随质量浓度的增大,充填材料单轴抗压强度增大、坍落度减小、成本增加。当骨胶比增大时,单轴抗压强度下降、坍落度增大、成本减小。当细矸率增大时,单轴抗压强度、坍落度和成本均不断减小。膏体充填材料最优配合比为质量浓度 81.65%、骨胶比 3.67 和细矸率 52.27%,该配合比下充填材料 28 d 单轴抗压强度、坍落度和成本的预测值分别为 2.9 MPa、200 mm 和 130.16 元,实测值分别为 2.86 MPa、193 mm 和 129.77 元。试验值与预测值相对误差较小,试验结果可靠性较高。

(2) FTIR 分析结果表明:化学键变化主要为 O—H、H—O—H、Si—O、Si—O—Si/Al 和 C—O 等的不对称伸缩振动与弯曲振动。SEM 分析结果表明:充填材料强度的形成主要与 C—(A)—S—H 和 N—A—S—H 凝胶的生成密切相关。

(3) 重金属淋溶浸出试验结果表明:充填材料重金属离子浸出浓度随养护龄期的增加呈先升高后降低的趋势,28 d 时重金属固化效果最佳,满足标准限值。一方面,这和体系内反应产物的物理吸附、包裹和化学结合密切相关;另一方面,和材料宏观强度的增加有关,基体随养护龄期增加逐渐致密,孔隙率降低既能增加抗压强度,又能阻碍重金属迁移浸出。

# 参 考 文 献

[1] LI X Y, YU L W, ZHOU H, et al. An environment-friendly pretreatment process of municipal solid waste incineration fly ash to enhance the immobilization efficiency by alkali-activated slag cement[J]. Journal of cleaner production, 2021, 290: 125728.

[2] 国家统计局. 中国统计年鉴 2024[M]. 北京: 中国统计出版社, 2024.

[3] 阮煜, 宗达, 陈志良, 等. 水热法协同处置不同垃圾焚烧炉飞灰及其机理[J]. 中国环境科学, 2018, 38(7): 2602-2608.

[4] 张俊杰, 刘波, 沈汉林, 等. 垃圾焚烧飞灰熔融无害化及资源化研究现状[J]. 工程科学学报, 2022, 44(11): 1909-1916.

[5] 黄飞, 马亿珠, 勾密峰. 固化垃圾焚烧飞灰的矿渣用作矿物掺合料及其安全性分析[J]. 材料导报, 2022, 36(增刊1): 304-308.

[6] 章骅, 于思源, 邵立明, 等. 烟气净化工艺和焚烧炉类型对生活垃圾焚烧飞灰性质的影响[J]. 环境科学, 2018, 39(1): 467-476.

[7] SU L J, FU G S, LIANG B, et al. Working performance and microscopic mechanistic analyses of municipal solid waste incineration(MSWI)fly ash-based self-foaming filling materials[J]. Construction and building materials, 2022, 361: 129647.

[8] XU T, WANG L A, WU H, et al. Municipal solid waste incineration (MSWI)fly ash could be used as a catalyst for pyrolysis of oil-based drill cuttings from shale gas exploitation industry[J]. Journal of cleaner production, 2023, 387: 135754.

[9] 丁世敏, 杨兴玲, 封享华, 等. 垃圾焚烧飞灰中典型重金属形态分布研究[J]. 无机盐工业, 2009, 41(11): 49-52.

[10] 李卫华, 吴寅凯, 孙英杰, 等. 垃圾焚烧飞灰重金属毒性浸出评价方法研究进展[J]. 化工进展, 2023, 42(5): 2666-2677.

[11] BAI M L, ZHANG L Y, ZHAO Y J, et al. Numerical simulation on the deposition characteristics of MSWI fly ash particles in a cyclone furnace

[J]. Waste management,2023,161:203-212.

[12] WANG S F,YU L,QIAO Z,et al. The toxic leaching behavior of MSWI fly ash made green and non-sintered lightweight aggregates[J]. Construction and building materials,2023,373:130809.

[13] CHEN L,WANG L,ZHANG Y Y,et al. Roles of biochar in cement-based stabilization/solidification of municipal solid waste incineration fly ash[J]. Chemical engineering journal,2022,430:132972.

[14] CAVIGLIA C,DESTEFANIS E,PASTERO L,et al. MSWI fly ash multiple washing: kinetics of dissolution in water, as function of time, temperature and dilution[J]. Minerals,2022,12(6):742.

[15] WEI X K,SHAO N N,YAN F,et al. Safe disposal and recyclability of MSWI fly ash via mold-pressing and alkali-activation technology:promotion of metakaolin and mechanism[J]. Journal of environmental chemical engineering,2022,10(2):107166.

[16] QIU J P,GUO Z B,YANG L,et al. Effects of packing density and water film thickness on the fluidity behaviour of cemented paste backfill[J]. Powder technology,2020,359:27-35.

[17] 朱卫兵,许家林,陈璐,等. 浅埋近距离煤层开采房式煤柱群动态失稳致灾机制[J]. 煤炭学报,2019,44(2):358-366.

[18] 王帅,张向东,贾宝新. 矿震和采空区影响下围岩动力响应模型试验[J]. 爆炸与冲击,2019,39(1):123-130.

[19] WU D,ZHAO R K,HOU W T,et al. A coupled thermo-mechanical damage modeling application of cemented coal gangue-fly ash backfill under uniaxial compression[J]. Arabian journal for science and engineering,2020,45(5):3469-3478.

[20] KOOHESTANI B,DARBAN A K,MOKHTARI P,et al. Influence of hydrofluoric acid leaching and roasting on mineralogical phase transformation of pyrite in sulfidic mine tailings[J]. Minerals,2020,10(6):513.

[21] YANG X,JIA Y X,YANG C,et al. Research on formulation optimization and hydration mechanism of phosphogypsum-based filling cementitious materials[J]. Frontiers in environmental science,2022,10:1012057.

[22] YUAN F,TANG J X,WANG Y L,et al. Numerical simulation of mechanical characteristics in longwall goaf materials[J]. Mining, metallurgy & exploration,2022,39(2):557-571.

[23] 代梦博,罗邦曹,孙彩虹,等.低成本钢尾渣-矿渣基矿山充填料的优化开发[J].钢铁,2022,57(2):175-184.

[24] LIU W Z,GUO Z P,WANG C,et al. Physico-mechanical and microstructure properties of cemented coal Gangue-Fly ash backfill: effects of curing temperature[J]. Construction and building materials,2021,299:124011.

[25] ZHAI X R,BI Y S,HU R,et al. Surface pre-grouting borehole arrangement and division of the broken roof of the lower seam of a bifurcated coal seam[J]. Energy exploration & exploitation,2023,41(2):802-820.

[26] LIU Q,LIN B Q,ZHOU Y,et al. Constitutive relation and particle size distribution model of rock fragments in the goaf[J]. Environmental science and pollution research international,2023,30(13):39142-39153.

[27] YANG P,LIU L,SUO Y L,et al. Basic characteristics of magnesium-coal slag solid waste backfill material: part Ⅰ. preliminary study on flow, mechanics,hydration and leaching characteristics[J]. Journal of environmental management,2023,329:117016.

[28] 许刚刚,王晓东,王海,等.高浓度胶结充填材料在空洞型采空区中的应用[J].煤炭工程,2021,53(11):73-80.

[29] 白锦文,崔博强,戚庭野,等.关键柱柱旁充填岩层控制基础理论[J].煤炭学报,2021,46(2):424-438.

[30] RONG K W,LAN W T,LI H Y.Industrial experiment of goaf filling using the filling materials based on hemihydrate phosphogypsum[J]. Minerals,2020,10(4):324.

[31] CAVUSOGLU I,YILMAZ E,YILMAZ A O.Sodium silicate effect on setting properties,strength behavior and microstructure of cemented coal fly ash backfill[J].Powder technology,2021,384:17-28.

[32] KERMANI M,HASSANI F P,AFLAKI E,et al. Evaluation of the effect of sodium silicate addition to mine backfill,gelfill-part 2:effects of mixing time and curing temperature[J]. Journal of rock mechanics and geotechnical engineering,2015,7(6):668-673.

[33] ZHAO Y,SOLTANI A,TAHERI A,et al.Application of slag-cement and fly ash for strength development in cemented paste backfills[J]. Minerals,2019,9(1):22.

[34] WANG C,HU M G,WANG X L,et al. Experimental study on roadway backfill mining of paste-like material[J]. Arabian journal of geosciences,

2021,14(7):611.

[35] HOU Y Q, YIN S H, YANG S X, et al. Mechanical properties, damage evolution and energy dissipation of cemented tailings backfill under impact loading[J]. Journal of building engineering,2023,66:105912.

[36] CAO S, XUE G L, SONG W D, et al. Strain rate effect on dynamic mechanical properties and microstructure of cemented tailings composites [J]. Construction and building materials,2020,247:118537.

[37] TAN Y Y, YU X, ELMO D, et al. Experimental study on dynamic mechanical property of cemented tailings backfill under SHPB impact loading[J].International journal of minerals, metallurgy, and materials, 2019,26(4):404-416.

[38] 姜明归,孙伟,李金鑫,等.冲击荷载下全尾砂胶结充填体断裂特性与能耗特征分析[J].岩土力学,2023,44(增刊1):186-196.

[39] 喻海根,王石,宋学朋,等.冲击荷载下碱化水稻秸秆基尾砂胶结充填体的力学性能及能耗特征[J].矿业研究与开发,2022,42(3):46-53.

[40] 朱鹏瑞,宋卫东,徐琳慧,等.冲击荷载作用下胶结充填体的力学特性研究[J].振动与冲击,2018,37(12):131-137,166.

[41] 齐一谨,徐中慧,徐亚红,等.粉煤灰固化处理生活垃圾焚烧飞灰效果研究[J].环境科学与技术,2017,40(6):98-103.

[42] 吴海霞,吴小卉,孟棒棒,等.黏土与粉煤灰吸附农村生活垃圾渗滤液的效能及机理[J].环境工程技术学报,2019,9(5):587-596.

[43] 李春林.基于地聚合反应的生活垃圾焚烧飞灰资源化利用实验研究[J].工业安全与环保,2021,47(2):97-100.

[44] REN J, HU L, DONG Z J, et al. Effect of silica fume on the mechanical property and hydration characteristic of alkali-activated municipal solid waste incinerator(MSWI)fly ash[J]. Journal of cleaner production,2021, 295:126317.

[45] LIU J, HU L, TANG L P, et al. Utilisation of municipal solid waste incinerator(MSWI) fly ash with metakaolin for preparation of alkali-activated cementitious material[J]. Journal of hazardous materials,2021, 402:123451.

[46] ZHAO S J, MUHAMMAD F, YU L, et al. Solidification/stabilization of municipal solid waste incineration fly ash using uncalcined coal gangue-based alkali-activated cementitious materials[J]. Environmental science

and pollution research international,2019,26(25):25609-25620.

[47] 王珂,倪文,张思奇,等.垃圾焚烧飞灰-矿渣基胶凝体系及固镉研究[J].有色金属工程,2018,8(5):119-123.

[48] 冉新,陈娇,袁江山,等.固化材料在碱激发垃圾焚烧飞灰中的应用[J].非金属矿,2022,45(2):94-98.

[49] MAO Y P,WU H,WANG W L,et al. Pretreatment of municipal solid waste incineration fly ash and preparation of solid waste source sulphoaluminate cementitious material[J]. Journal of hazardous materials, 2020,385:121580.

[50] ZHAO P,JING M H,FENG L,et al. The heavy metal leaching property and cementitious material preparation by treating municipal solid waste incineration fly ash through the molten salt process[J]. Waste management & research,2020,38(1):27-34.

[51] TIAN X,RAO F,LEÓN-PATIÑO C A,et al.Co-disposal of MSWI fly ash and spent caustic through alkaline-activation consolidation[J]. Cement and concrete composites,2021,116:103888.

[52] ZHANG B R,ZHOU W X,ZHAO H P,et al. Stabilization/solidification of lead in MSWI fly ash with mercapto functionalized dendrimer chelator [J].Waste management,2016,50:105-112.

[53] 朱节民,李梦雅,郑德聪,等.重庆市垃圾焚烧飞灰中重金属分布特征及药剂稳定化处理[J].环境化学,2018,37(4):880-888.

[54] 朱子晗,郭燕燕,赵由才,等.垃圾焚烧飞灰中 Pb 及特征药剂稳定化处理[J].中国环境科学,2021,41(6):2737-2743.

[55] DONTRIROS S,LIKITLERSUANG S,JANJAROEN D. Mechanisms of chloride and sulfate removal from municipal-solid-waste-incineration fly ash(MSWI FA): effect of acid-base solutions[J].Waste management, 2020,101:44-53.

[56] LEE W K W,VAN DEVENTER J S J.The effects of inorganic salt contamination on the strength and durability of geopolymers[J]. Colloids and surfaces A:physicochemical and engineering aspects,2002,211(2/3): 115-126.

[57] LIU H M,WANG C L,GUO G Z,et al. A novel process for the desalination of MSWI fly ash via in situ leachate concentrate washing and residue solution electrolysis[J].Desalination,2024,572:117149.

[58] CHEN B, PERUMAL P, ILLIKAINEN M, et al. A review on the utilization of municipal solid waste incineration(MSWI) bottom ash as a mineral resource for construction materials[J]. Journal of building engineering, 2023,71:106386.

[59] SAIKIA N, MERTENS G, VAN BALEN K, et al. Pre-treatment of municipal solid waste incineration(MSWI) bottom ash for utilisation in cement mortar[J]. Construction and building materials,2015,96:76-85.

[60] TANG P, FLOREA M V A, SPIESZ P, et al. Application of thermally activated municipal solid waste incineration(MSWI) bottom ash fines as binder substitute[J]. Cement and concrete composites,2016,70:194-205.

[61] TIAN X, RAO F, LEÓN-PATIÑO C A, et al. Effects of aluminum on the expansion and microstructure of alkali-activated MSWI fly ash-based pastes[J]. Chemosphere,2020,240:124986.

[62] LI Y F, LIU S H, GUAN X M. Multitechnique investigation of concrete with coal gangue[J]. Construction and building materials,2021,301:124114.

[63] BAI G L, YAN F, LIU H Q. Experimental study on the seismic performance of coal gangue concrete frame columns[J]. IOP conference series: earth and environmental science,2021,768(1):012076.

[64] MARCHUK S, MARCHUK A. Effect of applied potassium concentration on clay dispersion, hydraulic conductivity, pore structure and mineralogy of two contrasting Australian soils[J]. Soil and tillage research,2018, 182:35-44.

[65] BLAGODATSKAYA E, KUZYAKOV Y. Active microorganisms in soil: critical review of estimation criteria and approaches[J]. Soil biology and biochemistry,2013,67:192-211.

[66] 张宇航,宋子岭,孔涛,等.煤矸石对盐碱土壤理化性质的改良效果[J].生态环境学报,2021,30(1):195-204.

[67] 高国雄,李广毅,高宝山,等.煤矸石障蔽对沙地土壤的改良作用研究[J].水土保持学报,2001,15(1):102-104.

[68] ZHOU M, DOU Y W, ZHANG Y Z, et al. Effects of the variety and content of coal gangue coarse aggregate on the mechanical properties of concrete[J]. Construction and building materials,2019,220:386-395.

[69] 张战波,刘辉,侯世林,等.特细砂煤矸石混凝土力学性能试验研究[J].煤炭科学技术,2022,50(9):57-66.

[70] ZHANG T,WANG H S,TANG J P,et al. Mechanical and environmental performance of structural concrete with coal gangue fine aggregate[J]. Journal of building engineering,2024,84:108488.

[71] 白国良,刘瀚卿,刘辉,等.煤矸石理化特性与煤矸石混凝土力学性能研究[J].建筑结构学报,2023,44(10):243-254.

[72] 苏文君.以煤矸石为硅铝质原料制备水泥熟料的试验研究[D].合肥:安徽建筑大学,2016.

[73] 尹相勇.自燃煤矸石低熟料复合水泥的配制及其性能研究[D].太原:太原科技大学,2016.

[74] LUO L Q,LI K Y,FU W,et al. Preparation,characteristics and mechanisms of the composite sintered bricks produced from shale,sewage sludge,coal gangue powder and iron ore tailings[J].Construction and building materials,2020,232:117250.

[75] 李学军.全煤矸石免烧透水砖的制备及其性能研究[D].太原:太原理工大学,2019.

[76] ZHU M G,WANG H,LIU L L,et al. Preparation and characterization of permeable bricks from gangue and tailings[J]. Construction and building materials,2017,148:484-491.

[77] 石纪军,邓一星,孙国梁.尾砂和煤矸石制备闭孔泡沫陶瓷的导热性能研究[J].新型建筑材料,2020,47(12):103-106.

[78] ZHOU L,ZHOU H J,HU Y X,et al.Adsorption removal of cationic dyes from aqueous solutions using ceramic adsorbents prepared from industrial waste coal gangue[J]. Journal of environmental management,2019,234:245-252.

[79] 张华林,滕泽栋,江晓亮,等.废弃煤矸石资源化利用研究进展[J].环境化学,2024,43(6):1778-1791.

[80] 陈利生,李学良.采煤塌陷区煤矸石回填复垦技术[J].金属矿山,2014(9):137-141.

[81] ZHANG Q F, WANG D Q. Field study on the improvement of coal gangue filling using dynamic compaction[J]. PLoS One,2021,16(5):1-18.

[82] SHEN L L,LAI W N,ZHANG J X,et al. Mechanical properties and micro characterization of coal slime water-based cementitious material-gangue filling: a novel method for co-treatment of mining waste[J]. Construction and building materials,2023,408:133747.

[83] 马瑞峰.不同加载条件下复合激发煤矸石-矿渣充填体损伤特性研究[D].阜新:辽宁工程技术大学,2022.

[84] CHEN S J,DU Z W,ZHANG Z,et al. Effects of red mud additions on gangue-cemented paste backfill properties[J].Powder technology,2020,367:833-840.

[85] 徐良骥,黄璨,章如芹,等.煤矸石充填复垦地理化特性与重金属分布特征[J].农业工程学报,2014,30(5):211-219.

[86] SHI C J,KRIVENKO P V,ROY D. Alkali-activated cements and concretes[M]. Abingdon,UK:Taylor & Francis,2006.

[87] DAVIDOVITS J. Geopolymers[J]. Journal of thermal analysis,1991,37(8):1633-1656.

[88] DÍAZ A G,BUENO S,VILLAREJO L P,et al. Improved strength of alkali activated materials based on construction and demolition waste with addition of rice husk ash[J]. Construction and building materials,2024,413:134823.

[89] ZHANG X K,WANG W L,ZHANG Y N,et al. Research on hydration characteristics of OSR-GGBFS-FA alkali-activated materials[J]. Construction and building materials,2024,411:134321.

[90] LUAN Y C,WANG J H,MA T,et al. Modification mechanism of flue gas desulfurization gypsum on fly ash and ground granulated blast-furnace slag alkali-activated materials:promoting green cementitious material[J]. Construction and building materials,2023,396:132400.

[91] LUO L,YAO W,LIANG G W,et al. Workability,autogenous shrinkage and microstructure of alkali-activated slag/fly ash slurries:effect of precursor composition and sodium silicate modulus[J]. Journal of building engineering,2023,73:106712.

[92] 罗晓洪,张世俊,郭荣鑫,等.电石渣替代水泥作碱激发剂对过硫磷石膏胶凝材料性能和微观结构的影响[J].材料导报,2023,37(增刊2):298-304.

[93] 朱龙涛.煤矸石制备地质聚合物注浆材料的研究[D].淮南:安徽理工大学,2023.

[94] 吴航.氢氧化钠激发煤矸石混合料路用性能研究[D].邯郸:河北工程大学,2022.

[95] 马宏强,易成,陈宏宇,等.碱激发煤矸石-矿渣胶凝材料的性能和胶结机理[J].材料研究学报,2018,32(12):898-904.

[96] WANG T, WU K, WU M. Development of green binder systems based on flue gas desulfurization gypsum and fly ash incorporating slag or steel slag powders[J]. Construction and building materials, 2020, 265: 120275.

[97] WAN S, ZHOU X, ZHOU M, et al. Hydration characteristics and modeling of ternary system of municipal solid wastes incineration fly ash-blast furnace slag-cement[J]. Construction and building materials, 2018, 180: 154-166.

[98] GUO W C, ZHAO Q X, SUN Y J, et al. Effects of various curing methods on the compressive strength and microstructure of blast furnace slag-fly ash-based cementitious material activated by alkaline solid wastes[J]. Construction and building materials, 2022, 357: 129397.

[99] HE D J, CHEN M J, LIU H, et al. Preparation of activated electrolytic manganese residue-slag-cement ternary blended cementitious material: hydration characteristics and carbon reduction potential[J]. Construction and building materials, 2024, 425: 135990.

[100] ZHAN J H, FU B, CHENG Z Y. Macroscopic properties and pore structure fractal characteristics of alkali-activated metakaolin-slag composite cementitious materials[J]. Polymers, 2022, 14(23): 5217.

[101] WANG S, PAN H M, XIAO C, et al. Preparation and mix proportion optimization of red mud-fly ash-based cementitious material synergistic activated by carbide slag and MSWIFA[J]. Construction and building materials, 2024, 415: 135032.

[102] CHANG R Q, ZHANG J B, LI H Q, et al. Preparation and characterization of cementitious materials based on sulfuric-acid-activated coal gasification coarse slag[J]. Construction and building materials, 2024, 426: 136164.

[103] HEIKAL M, ZAKI M E A, IBRAHIM S M. Preparation, physico-mechanical characteristics and durability of eco-alkali-activated binder from blast-furnace slag, cement kiln-by-pass dust and microsilica ternary system[J]. Construction and building materials, 2020, 260: 119947.

[104] XIANG X D, XI J C, LI C H, et al. Preparation and application of the cement-free steel slag cementitious material[J]. Construction and building materials, 2016, 114: 874-879.

[105] MA Z B, SUN Y J, DUAN S Y, et al. Properties and hydration mechanism of eco-friendly cementitious material prepared using coal gasification slag and circulating fluidized bed fly ash[J]. Construction

and building materials,2024,420:135581.

[106] LUO X D, HUANG X C, LIU Y, et al. Performance characterization and optimization of cement-lithium powder-grain slag composite cementitious materials[J]. Construction and building materials,2023,409:133851.

[107] CHEN B J, LI B Y, PANG L F, et al. Study on the synergistic preparation of supplementary cementitious materials from multiple solid wastes:bayer red mud and gold tailings[J]. Journal of environmental chemical engineering,2024,12(3):112599.

[108] XIN J, LIU L, JIANG Q, et al. Early-age hydration characteristics of modified coal gasification slag-cement-aeolian sand paste backfill[J]. Construction and building materials,2022,322:125936.

[109] CHEN S M, WU A X, WANG Y M, et al. Coupled effects of curing stress and curing temperature on mechanical and physical properties of cemented paste backfill[J]. Construction and building materials,2021,273:121746.

[110] HUANG M Q, CAI S J, CHEN L, et al. Multi-response robust parameter optimization of cemented backfill proportion with ultra-fine tailings[J]. Materials,2022,15(19):6902.

[111] 陈威,尹升华,陈勋,等.添加细菌对充填材料性能的影响[J].中南大学学报(自然科学版),2023,54(3):797-806.

[112] DONG Q, LIANG B, JIA L F, et al. Effect of sulfide on the long-term strength of lead-zinc tailings cemented paste backfill[J]. Construction and building materials,2019,200:436-446.

[113] 陈顺满,王伟,吴爱祥,等.养护压力对膏体充填体强度影响规律及机理分析[J].中国有色金属学报,2021,31(12):3740-3749.

[114] ZHAO F W, HU J H, YANG D J, et al. Study on the relationship between pore structure and uniaxial compressive strength of cemented paste backfill by using air-entraining agent[J]. Advances in civil engineering,2021,2021(1):6694744.

[115] WANG J, ZHANG C, FU J X, et al. Effect of water saturation on mechanical characteristics and damage behavior of cemented paste backfill[J]. Journal of materials research and technology,2021,15:6624-6639.

[116] 朱庚杰,朱万成,齐兆军,等.固废基充填胶凝材料配比分步优化及其水化胶结机理[J].工程科学学报,2023,45(8):1304-1315.

[117] SUN Q,LI T L,LIANG B. Preparation of a new type of cemented paste backfill with an alkali-activated silica fume and slag composite binder [J]. Materials,2020,13(2):372.

[118] LU H X,SUN Q. Preparation and strength formation mechanism of calcined oyster shell,red mud,slag,and iron tailing composite cemented paste backfill[J]. Materials,2022,15(6):2199.

[119] WANG H C,QI T Y,FENG G R,et al. Effect of partial substitution of corn straw fly ash for fly ash as supplementary cementitious material on the mechanical properties of cemented coal gangue backfill[J]. Construction and building materials,2021,280:122553.

[120] 冯国瑞,赵永辉,郭育霞,等.柱式充填体单轴压缩损伤演化及破坏特征研究[J].中南大学学报(自然科学版),2022,53(10):4012-4023.

[121] 沈圳,王俊,宁建国,等.考虑胶结物含量的充填体蠕变特性研究[J].矿业研究与开发,2021,41(6):57-65.

[122] 郑瑞坚,熊祖强,李西凡.充填区透水环境对超高水材料充填体的影响研究[J].煤矿安全,2021,52(10):64-69.

[123] 陈绍杰,朱彦,王其锋,等.充填膏体蠕变宏观硬化试验研究[J].采矿与安全工程学报,2016,33(2):348-353.

[124] 陈绍杰,刘小岩,韩野,等.充填膏体蠕变硬化特征与机制试验研究[J].岩石力学与工程学报,2016,35(3):570-578.

[125] 周茜,刘娟红.矿用富水充填材料的蠕变特性及损伤演化[J].煤炭学报,2018,43(7):1878-1883.

[126] 程爱平,戴顺意,舒鹏飞,等.考虑应力水平和损伤的胶结充填体蠕变特性及本构模型[J].煤炭学报,2021,46(2):439-449.

[127] 孙琦,张向东,杨逾.膏体充填开采胶结体的蠕变本构模型[J].煤炭学报,2013,38(6):994-1000.

[128] SUN Q,LI B,TIAN S,et al. Creep properties of geopolymer cemented coal gangue-fly ash backfill under dynamic disturbance[J]. Construction and building materials,2018,191:644-654.

[129] 冉洪宇,郭育霞,冯国瑞,等.分级加载下矸石胶结充填材料蠕变特性研究[J].矿业研究与开发,2020,40(2):42-47.

[130] 孙春东,张东升,王旭锋,等.大尺寸高水材料巷旁充填体蠕变特性试验研究[J].采矿与安全工程学报,2012,29(4):487-491.

[131] 任贺旭,李群,赵树果,等.全尾砂胶结充填体蠕变特性试验研究[J].矿业

研究与开发,2016,36(1):76-79.

[132] 赵树果,苏东良,张亚伦,等.尾砂胶结充填体蠕变试验及统计损伤模型研究[J].金属矿山,2016(5):26-30.

[133] HOU Y Q,YANG K,YIN S H,et al. Enhancing workability, strength, and microstructure of cemented tailings backfill through mineral admixtures and fibers[J]. Journal of building engineering,2024,84:108590.

[134] HOU Y Q,YANG K,YIN S H,et al. Experimental study on mechanical properties, microstructure and ratio parameter optimization of mixed fiber-reinforced rubber cemented coarse aggregate backfill [J]. Construction and building materials,2023,409:134105.

[135] YIN S H, HOU Y Q, CHEN X, et al. Mechanical behavior, failure pattern and damage evolution of fiber-reinforced cemented sulfur tailings backfill under uniaxial loading[J]. Construction and building materials,2022,332:127248.

[136] XUE G L,YILMAZ E,SONG W D,et al. Influence of fiber reinforcement on mechanical behavior and microstructural properties of cemented tailings backfill[J].Construction and building materials,2019,213:275-285.

[137] WANG S, SONG X P, CHEN Q S, et al. Mechanical properties of cemented tailings backfill containing alkalized rice straw of various lengths[J]. Journal of environmental management,2020,276:111124.

[138] CAO S, YILMAZ E, SONG W D. Fiber type effect on strength, toughness and microstructure of early age cemented tailings backfill[J]. Construction and building materials,2019,223:44-54.

[139] 赵康,赵康奇,严雅静,等.不同含量玻璃纤维尾砂充填体损伤规律与围岩匹配关系[J].岩石力学与工程学报,2023,42(1):144-153.

[140] CHEN X,SHI X Z,ZHOU J,et al. Compressive behavior and microstructural properties of tailings polypropylene fibre-reinforced cemented paste backfill [J]. Construction and building materials,2018,190:211-221.

[141] ZHANG S Q,SHI T Y,NI W,et al.The mechanism of hydrating and solidifying green mine fill materials using circulating fluidized bed fly ash-slag-based agent[J]. Journal of hazardous materials,2021,415:125625.

[142] REZAEI M,BINDIGANAVILE V. Alkali-activated fly ash foams for narrow-trench reinstatement [J]. Cement and concrete composites, 2021, 119:103966.

[143] LI J, ZHANG S Q, WANG Q, et al. Feasibility of using fly ash-slag-based binder for mine backfilling and its associated leaching risks[J]. Journal of hazardous materials, 2020, 400: 123191.

[144] ZHAO X H, LIU C Y, ZUO L M, et al. Synthesis and characterization of fly ash geopolymer paste for goaf backfill: reuse of soda residue[J]. Journal of cleaner production, 2020, 260: 121045.

[145] SUN Q, TIAN S, SUN Q W, et al. Preparation and microstructure of fly ash geopolymer paste backfill material[J]. Journal of cleaner production, 2019, 225: 376-390.

[146] HE P G, WANG M R, FU S, et al. Effects of Si/Al ratio on the structure and properties of metakaolin based geopolymer[J]. Ceramics international, 2016, 42(13): 14416-14422.

[147] FRANCO-TABARES S, STENPORT V F, HJALMARSSON L, et al. Limited effect of cement material on stress distribution of a monolithic translucent zirconia crown: a three-dimensional finite element analysis [J]. The international journal of prosthodontics, 2018, 31(1): 67-70.

[148] LI J, MA Z B, GAO J M, et al. Synthesis and characterization of geopolymer prepared from circulating fluidized bed-derived fly ash[J]. Ceramics international, 2022, 48(8): 11820-11829.

[149] ZHANG H B, YAO S W, WANG J R, et al. A novel $CO_2$ foaming agent for the preparation of foamed sulfoaluminate cement material: application to coal mine filling[J]. Journal of building engineering, 2022, 62: 105353.

[150] ZHAO X, LIU C, WANG L, et al. Physical and mechanical properties and micro characteristics of fly ash-based geopolymers incorporating soda residue[J]. Cement and concrete composites, 2019, 98: 125-136.

[151] 国家环境保护总局. 固体废物 浸出毒性浸出方法 醋酸缓冲溶液法: HJ/T 300—2007[S]. 北京: 中国环境科学出版社, 2007.

[152] 生态环境部, 国家市场监督管理总局. 生活垃圾填埋场污染控制标准: GB 16889—2024[S]. 北京: 中国标准出版社, 2024.

[153] 生态环境部, 国家市场监督管理总局. 危险废物填埋污染控制标准: GB 18598—2019[S]. 北京: 中国环境出版集团, 2024.

[154] CHEN Z L, LU S Y, TANG M H, et al. Mechanochemical stabilization of heavy metals in fly ash with additives[J]. Science of the total environment, 2019, 694: 133813.

[155] ZHOU J Z,WU S M,PAN Y,et al. Mercury in municipal solids waste incineration(MSWI) fly ash in China：chemical speciation and risk assessment[J]. Fuel,2015,158：619-624.

[156] FAN C C,WANG B M,AI H M,et al. A comparative study on solidification/stabilization characteristics of coal fly ash-based geopolymer and Portland cement on heavy metals in MSWI fly ash[J]. Journal of cleaner production,2021,319：128790.

[157] TEMUUJIN J,VAN RIESSEN A,WILLIAMS R. Influence of calcium compounds on the mechanical properties of fly ash geopolymer pastes[J]. Journal of hazardous materials,2009,167(1/2/3)：82-88.

[158] RASAKI S A,ZHANG B X,GUARECUCO R,et al. Geopolymer for use in heavy metals adsorption, and advanced oxidative processes：a critical review[J]. Journal of cleaner production,2019,213：42-58.

[159] ZHANG N,LIU X M,SUN H H,et al. Pozzolanic behaviour of compound-activated red mud-coal gangue mixture[J]. Cement and concrete research,2011,41(3)：270-278.

[160] ZHANG N,LI H X,ZHAO Y Z,et al. Hydration characteristics and environmental friendly performance of a cementitious material composed of calcium silicate slag[J]. Journal of hazardous materials,2016,306：67-76.

[161] WANG X,NI W,LI J J,et al. Carbonation of steel slag and gypsum for building materials and associated reaction mechanisms[J]. Cement and concrete research,2019,125：105893.

[162] 钱觉时,余金城,孙化强,等. 钙矾石的形成与作用[J]. 硅酸盐学报,2017,45(11)：1569-1581.

[163] LIU X M,ZHAO X B,YIN H F,et al. Intermediate-calcium based cementitious materials prepared by MSWI fly ash and other solid wastes：hydration characteristics and heavy metals solidification behavior[J]. Journal of hazardous materials,2018,349：262-271.

[164] 薛君玕. 论形成钙矾石相的膨胀[J]. 硅酸盐学报,1984(2)：251-257.

[165] 彭家惠,楼宗汉. 钙矾石形成机理的研究[J]. 硅酸盐学报,2000(6)：511-515.

[166] 张文生,张金山,叶家元,等. 合成条件对钙矾石形貌的影响[J]. 硅酸盐学报,2017,45(5)：631-638.

[167] LOMBARDI F,MANGIALARDI T,PIGA L,et al. Mechanical and

leaching properties of cement solidified hospital solid waste incinerator fly ash[J]. Waste management,1998,18(2):99-106.

[168] 刘建,何亮,骆成杰,等.生活垃圾焚烧飞灰固化体重金属动态浸出规律[J].中国环境科学,2019,39(3):1087-1093.

[169] 金漫彤.地聚合物固化生活垃圾焚烧飞灰中重金属的研究[D].南京:南京理工大学,2011.

[170] 崔素萍,兰明章,张江,等.废弃物中重金属元素在水泥熟料形成过程中的作用及其固化机理[J].硅酸盐学报,2004(10):1264-1270.

[171] 邵雁.矿渣基胶凝材料固化稳定化垃圾焚烧飞灰机理研究[D].武汉:武汉大学,2014.

[172] 国家市场监督管理总局,国家标准化管理委员会.水泥胶砂强度检验方法(ISO法):GB/T 17671—2021[S].北京:中国标准出版社,2021.

[173] 李立涛,杨晓炳,高谦,等.基于均匀试验与智能算法的全固废充填胶凝材料制备[J].矿冶工程,2019,39(6):15-19.

[174] 张超,展旭财,杨春和.粗粒料强度及变形特性的细观模拟[J].岩土力学,2013,34(7):2077-2083.

[175] 贾学明,柴贺军,郑颖人.土石混合料大型直剪试验的颗粒离散元细观力学模拟研究[J].岩土力学,2010,31(9):2695-2703.

[176] WEN K L. The quantized transformation in Deng's grey relational grade[J]. Grey systems:theory and application,2016,6(3):375-397.

[177] 刘恒亮,张钦礼,王新民,等.全尾砂充填体正交-BP神经网络强度预测[J].金属矿山,2016(1):43-46.

[178] AL-ZBOON K, AL-HARAHSHEH M S, HANI F B. Fly ash-based geopolymer for Pb removal from aqueous solution[J]. Journal of hazardous materials,2011,188(1/2/3):414-421.

[179] MILMAN V,WARREN M C. Elasticity of hexagonal BeO[J]. Journal of physics:condensed matter,2001,13(2):241-251.

[180] REN K,SHU H B,HUO W Y,et al. Tuning electronic,magnetic and catalytic behaviors of biphenylene network by atomic doping[J]. Nanotechnology,2022,33(34):345701.

[181] GE X, HU X, SHI C. Mechanical properties and microstructure of circulating fluidized bed fly ash and red mud-based geopolymer[J]. Construction and building materials,2022,340:127599.

[182] PUERTAS F, TORRES-CARRASCO M. Use of glass waste as an

activator in the preparation of alkali-activated slag. Mechanical strength and paste characterisation[J]. Cement and concrete research,2014,57: 95-104.

[183] 杨达,庞来学,宋迪,等.粉煤灰对碱激发矿渣/粉煤灰体系的作用机理研究[J].硅酸盐通报,2021,40(9):3005-3011.

[184] YE H L,RADLIŃSKA A. Shrinkage mechanisms of alkali-activated slag [J]. Cement and concrete research,2016,88:126-135.

[185] BEN HAHA M,LOTHENBACH B,LE SAOUT G,et al. Influence of slag chemistry on the hydration of alkali-activated blast-furnace slag: part Ⅱ:effect of $Al_2O_3$[J]. Cement and concrete research,2012,42(1): 74-83.

[186] 刘娟红,周在波,吴爱祥,等.低浓度拜耳赤泥充填材料制备及水化机理[J].工程科学学报,2020,42(11):1457-1464.

[187] BAI Y Y,GUO W C,WANG X L,et al. Utilization of municipal solid waste incineration fly ash with red mud-carbide slag for eco-friendly geopolymer preparation[J]. Journal of cleaner production,2022,340:130820.

[188] WANG J B,DU P,ZHOU Z H,et al. Effect of nano-silica on hydration, microstructure of alkali-activated slag[J]. Construction and building materials,2019,220:110-118.

[189] LONG W J,PENG J K,GU Y C,et al.Recycled use of municipal solid waste incinerator fly ash and ferronickel slag for eco-friendly mortar through geopolymer technology[J]. Journal of cleaner production, 2021, 307:127281.

[190] 蒋旭光,段茵,吕国钧,等.垃圾焚烧飞灰中重金属固化稳定机理及系统评价方法的研究进展[J].环境工程学报,2022,16(1):10-19.

[191] HOUBEN D,PIRCAR J,SONNET P.Heavy metal immobilization by cost-effective amendments in a contaminated soil: effects on metal leaching and phytoavailability[J]. Journal of geochemical exploration, 2012,123:87-94.

[192] KARAMALIDIS A K,VOUDRIAS E A.Leaching behavior of metals released from cement-stabilized/solidified refinery oily sludge by means of sequential toxicity characteristic leaching procedure[J].Journal of environmental engineering,2008,134(6):493-504.

[193] BHATTACHARYYA P, REDDY K J. Effect of flue gas treatment on the solubility and fractionation of different metals in fly ash of powder river basin coal[J]. Water, air, & soil pollution, 2012, 223(7):4169-4181.

[194] LUO H W, CHENG Y, HE D Q, et al. Review of leaching behavior of municipal solid waste incineration(MSWI) ash[J]. Science of the total environment, 2019, 668:90-103.

[195] ANNIKA Å, KUMPIENE J, ECKE H. Evaluation and prediction of emissions from a road built with bottom ash from municipal solid waste incineration(MSWI)[J]. Science of the total environment, 2006, 355(1/2/3):1-12.

[196] LI J, TENG G X, ZHANG S Q, et al. The leaching behavior of hazardous element under different leaching procedure utilizing slag-fly ash-based agent: chromium, antimony, and lead[J]. Science of the total environment, 2024, 919:170782.

[197] ZHANG Y, JIANG J G, CHEN M Z. MINTEQ modeling for evaluating the leaching behavior of heavy metals in MSWI fly ash[J]. Journal of environmental sciences, 2008, 20(11):1398-1402.

[198] FERNÁNDEZ-OLMO I, LASA C, IRABIEN A. Modeling of zinc solubility in stabilized/solidified electric arc furnace dust[J]. Journal of hazardous materials, 2007, 144(3):720-724.

[199] 中华人民共和国环境保护部. 固体废物 铅、锌和镉的测定 火焰原子吸收分光光度法:HJ 786—2016[S]. 北京:中国环境科学出版社, 2016.

[200] 中华人民共和国建设部. 普通混凝土拌合物性能试验方法标准:GB/T 50080—2002[S]. 北京:中国建筑工业出版社, 2003.

[201] KUNHANANDAN NAMBIAR E K, RAMAMURTHY K. Models relating mixture composition to the density and strength of foam concrete using response surface methodology[J]. Cement and concrete composites, 2006, 28(9):752-760.

[202] LI Z P, LU D G, GAO X J. Multi-objective optimization of gap-graded cement paste blended with supplementary cementitious materials using response surface methodology[J]. Construction and building materials, 2020, 248:118552.

[203] ZHANG L F, YUE Y. Influence of waste glass powder usage on the properties of alkali-activated slag mortars based on response surface

methodology[J]. Construction and building materials,2018,181:527-534.

[204] ETTAHIRI Y,BOUARGANE B,FRITAH K,et al.A state-of-the-art review of recent advances in porous geopolymer:applications in adsorption of inorganic and organic contaminants in water[J].Construction and building materials,2023,395:132269.

[205] 马致远,刘勇,周吉奎,等.响应曲面法优化废催化剂中微波浸出钒的工艺[J].中国有色金属学报,2019,29(6):1308-1315.

[206] RAMESH C,VIJAYAKUMAR M,ALSHAHRANI S,et al.Performance enhancement of selective layer coated on solar absorber panel with reflector for water heater by response surface method:a case study[J].Case studies in thermal engineering,2022,36:102093.

[207] ALMEIDA BEZERRA M,SANTELLI R E,OLIVEIRA E P,et al. Response surface methodology (RSM) as a tool for optimization in analytical chemistry[J].Talanta,2008,76(5):965-977.

[208] CHEN X,SHI X Z,ZHOU J,et al. Effect of overflow tailings properties on cemented paste backfill[J]. Journal of environmental management,2019,235:133-144.

[209] SUN Q,WEI X D,LI T L,et al.Strengthening behavior of cemented paste backfill using alkali-activated slag binders and bottom ash based on the response surface method[J].Materials,2020,13(4):855.

[210] MYERS R H,MONTGOMERY D C,ANDERSON-COOK C M.Process and product optimization using designed experiments[J].Response surface methodology,2002,2:328-335.

[211] 刘江,史迪,张文生,等.硅钙渣制备碱激发胶凝材料的机理研究[J].硅酸盐通报,2014,33(1):6-10.

[212] 李化建,孙恒虎,肖雪军.煤矸石质硅铝基胶凝材料的试验研究[J].煤炭学报,2005,30(6):778-782.

[213] 中华人民共和国环境保护部.固体废物浸出毒性浸出方法 水平振荡法：HJ 557—2010[S].北京:中国环境科学出版社,2010.

[214] 国洁,冉祥明,王欣,等.改性淀粉对垃圾焚烧飞灰中 Pb 和 Cd 稳定化研究[J].安全与环境学报,2024,24(5):2006-2016.